与最好的自己相遇

张海波◎编著

中国纺织出版社有限公司

内 容 提 要

世间所有的快乐和痛苦的决定权都在我们自己手里，人生这场旅行中，唯有不断努力，提升自己，修生养性，才能遇见更好的自己，才能把握幸福，才能成为生活的强者、人生的赢家。

这是一本指引我们进行心灵归位的暖心之作，旨在帮助我们找寻让内心安宁的钥匙。这本书将告诉你，如何面对眼前的迷茫，如何走出寂寞与困顿，如何将孤独转化为成长的养分，然后认识自己，看清人生，学会成长。

图书在版编目（CIP）数据

与最好的自己相遇／张海波编著. --北京：中国纺织出版社有限公司，2021.2
ISBN 978-7-5180-7704-5

Ⅰ.①与… Ⅱ.①张… Ⅲ.①人生哲学—通俗读物 Ⅳ.①B821-49

中国版本图书馆CIP数据核字（2020）第140538号

责任编辑：张 羽　　责任校对：高 涵　　责任印制：储志伟

中国纺织出版社有限公司出版发行
地址：北京市朝阳区百子湾东里A407号楼　邮政编码：100124
销售电话：010—67004422　传真：010—87155801
http://www.c-textilep.com
中国纺织出版社天猫旗舰店
官方微博 http：//weibo.com/2119887771
三河市延风印装有限公司印刷　各地新华书店经销
2021年2月第1版第1次印刷
开本：880×1230　1/32　印张：6
字数：104千字　定价：25.00元

前言

有人说，人生犹如一趟单程列车，在这趟列车上，我们欣赏到绝美风景，领略到四季变化，感受到人情冷暖，我们向往着诗和远方……我们总是在寻寻觅觅，总渴望遇到最甜蜜的爱，听到最动人的旋律，我们渴望鲜花和掌声……然而，时光荏苒，我们发现，更值得我们追寻的，是更好的自己，因为，与最美好的自己相遇，未来更可期。

岁月匆匆，人和事不停地变化，唯一不变的是我们那颗向往着光明的心，这是一颗善良、信任、宽容、真诚的心，足以帮我们打败虚伪、狭隘、猜忌、自私……让我们在这喧嚣的俗世中，保留那份最珍贵的惬意与从容；让我们时刻谨记，无论天空有多少阴霾，阳光都在不远的地方翘首以待。

足以让我们对未来充满希望的，还有我们的梦想，这是我们最美丽且可爱的愿望，梦想可以海阔天空，理想则是我们一步一个脚印踩出来的坎坷道路。但是，无论走多远，都别忘了我们最初的梦想。在你难过、悲伤的时候，它是你心中的光亮，指引你走过黑暗的岁月；它也是你的良师益友，尊重你、理解你、开导你、陪伴你，无论你在什么地方，它都如影随形，伴你成长。

或许很多时候，梦想会给我们带来压力，因为现实让我们发现，成为优秀者，需要经历许多磨难，你想超越别人，也要付出许多努力，但是没有关系，要时刻坚信，有梦想并为了梦想努力的人，终会到达彼岸。

或许你会害怕失败，但是即使失败了，又怎么样呢？一个人的胸怀，不在于得意时的意气风发，而是看他失意时能否在黑暗里活出属于自己的光芒，还能把世界点亮。只要你努力，且不屈不挠，只要你为青春奋斗过，你的人生就是精彩的！永不言败，才可以做生活中的真英雄！所以，为何不在有限的生命里过得精彩？

所以，即刻出发吧，无论明天是晴天还是雨天，都不要停下脚步，努力坚持，你总会走到终点。今天所做的一切，也许在未来都将是礼物；未来的你，终将感谢现在拼命的自己。

现在，让我们翻开本书，这是一本帮助心灵归位的心灵抚慰剂。本书思想独特，角度新颖，语言温暖人心，扣人心弦，引导我们反躬自省，开始发现和探索自我，并告诉我们应该对未来有期许，并走在正确的道路上，付出实际的行动。只有把握现在，才能赢得未来。希望在多年以后，你可以开心地回忆这一段没有遗憾的旅程，与曾经的自己相遇在那光辉岁月里。

编著者

2020年6月

目录

第 1 章

先做人后做事，人做好了人生轻松前行

对任何人来说，学会如何做人都是一生的修炼。一句好的座右铭能帮助你了解做人的智慧，是令你走向成功的心灵鸡汤。揭示做人智慧的座右铭犹如前方高悬的明灯，照亮我们通往未来的道路，它能够时刻激励我们，让我们心胸豁达、思维开阔，广受周围人的欢迎和尊重，使我们在涉世之初便能如鱼得水、如沐春风，事业蒸蒸日上、路路皆通。

学会放松，才能看到人生的价值

我们每个人的青春只有一次，既然只能年轻一次，就应该“活”得有质量、有档次、有追求、有意义，而不要活得太累，无法放松，自己折磨自己。刚踏入社会的我们常常会抱怨自己活得好累，不知道前进的方向在哪里，是为了什么而活。这种累是心累，或因处境不佳，或因交往不顺，或因遭遇不公……

人生本就不可能一帆风顺，没必要痛心疾首、郁闷不堪。世上不如意事甚多，若是活得太累，不懂得放松，导致自己的心灵呼吸不到新鲜的空气，又怎么能捕捉到那难得的风景，认识生命的精彩呢?

作为年轻人，我们未来的路还很长，生命还很精彩，千万不要把每一件失意之事和每一缕愁思都积郁在心中，滚成雪球。如果事情已成定局，无可变更，那就不要沉溺于懊恼悲哀之中不能自拔。我们应试着放松自己，大步踏过去，前边就是辽阔的天地。只要一直朝着梦想努力，心中的愿望就能实现!

王敏常觉得自己活得很累，没有办法放松地生活，她觉得自己是个没有主见的人。

在王敏很小的时候，她的父母就离婚了，她和爸爸生活在一起。王敏从小大到都没有对爸爸发过脾气，别的女生都会有青春叛逆期，她却没有，其实不是她没有脾气，而是当面对爸爸时，她实在表现不出来。

王敏的爸爸很有钱，所以她从小到大物质上的东西没有缺少过，但是她总感觉有一种莫名的孤单。只要和爸爸在一起，她就觉得累，爸爸的家族里有很多人，每个人都爱管着王敏，爸爸更是如此，王敏的任何事情他都会干预。如今，王敏已经24岁了，但她总觉得自己的心理年龄好像还未成年，一遇到事情，她就老想坏的方面，而且总是不能坚持自己的看法，很在意爸爸和家里人怎么看，这让她觉得累极了。

王敏就是因为放不开自己，不懂得放松，才让自己活得很累，继而连自己前进的动力都找不到，不知道年轻的自己存在于大千世界的意义。

刚踏入社会时，我们一定要学会独立，懂得放松自己的心灵，让自己的每一天都过得快乐、活得精彩，千万别把各种有形无形的枷锁套在自己头上，让自己活得太累。要知道，每一个年轻人都是造物主的宠儿，造物主将美丽、青春、活力、激情毫无保留地赐予我们，就是让我们有十足的资本去开拓属于自己的未来，所以我们更应该活得舒心，活得潇洒，别让自己太累。

见过雅维的人都会感叹她本人的形象与所谓的女强人相去甚远——她实在是太年轻、太娇小了。就是这样的一个弱女子，却在毕业几年后就在工作上取得了突出的业绩。谈到自己所取得的成绩，雅维说，她其实是个很简单的人，在工作时用心做事，在生活中轻松做人，这样才能体会到年轻的乐趣。

虽然现在雅维是公司的精英，而且带领着自己的团队取得了不错的业绩，但她的工作经历并不是一帆风顺的。和很多年轻人一样，雅维在刚踏入社会时也有过一段低潮期。“我进单位三个月后才开了第一份单，而且第一单就搞砸了，可能是因为当时太紧张吧。我后来调整心态，让自己学会放轻松，工作就顺利起来了。”雅维笑笑说。

于是，在后面的工作中，雅维根据客户的不同喜好，制订了应对不同客户的方法，让自己每天都保持放松的状态。就这样，她最终走出低潮，迎来了事业的高峰。“我发现，我工作时，一紧张就容易犯错误，放轻松反而能凭自己的感觉和经验找准客户。”事实证明，雅维的这种“放松”所产生的直觉往往是正确的，而这也基于她工作经验的增加。当然，雅维也很清楚，在工作中光靠直觉也不行，直觉必须以经验和实践为基础。刚开始工作时，遇到困难在所难免，调节的关键在于对自己心态的把握。学会放松，才能真正体会到年轻的活力和动力，继而创造出属于自己的精彩。

雅维用闯荡职场的经历告诉我们学会放松的重要性。年轻的代名词不是牺牲，我们的生活也不全都是付出，我们在工作之余，有权利享受生活的美好和乐趣。时常给自己的心情放放假，别让自己活得太累，这样才能从心底体会到年轻的滋味，这才是“学会放松，才能看到人生的价值”这句座右铭的真正内涵。

学会放松，我们才能轻松地面对人生中的潮起潮落。也许你曾为工作的失败而惋惜，也许你曾为机会的错失而后悔，也许你曾为职位的升迁而追逐，也许你曾为难解的问题而困惑……面对这一切，我们一定要将“学会放松，才能看到人生的价值”视为座右铭，坐看云起云落、花开花谢，收获一份自在的好心情。

年轻的我们没必要用太多的脂粉去涂抹自己、逢场作戏，生活中就应该想笑就笑、想唱就唱、想哭就哭、想玩就玩，活得朴素自然，活得坦坦荡荡，活得轻松自在。唯有如此，才能清楚自己的心声，明了自己的方向，认识自己的灵魂！

你失去什么，都不能失去尊严

所谓“玉碎不改其白，竹焚不毁其节”，讲求的是做人要有尊严，尤其是初入社会的我们。尊严，是一种高尚的人格，是志存高远的境界，是任何时候都挺起自己胸膛的风骨。

尊严绝不仅仅是做人的面子，而是一种自尊心、一种价值观、一种责任感、一种奋斗精神。正如玉尽管碎了其质仍旧洁白，竹即使被焚毁其节依旧坚硬。

没有财富，我们可以用双手和智慧去创造；没有事业，我们可以用头脑和毅力去探索，但是，我们若是没有了尊严，那就什么也没有了，它是我们至上的精神瑰宝！

刚走上工作岗位的雪萍就用行动维护了自身的尊严。大学毕业的雪萍进入了一家外资企业从事技术工作。一天上班时，外国老板到工厂视察工作，不知道是谁在休息的时候不小心踩到了老板，惹得老板当即大怒，一气之下竟破口大骂在场的所有员工，并要求所有人鞠躬道歉。

看着为一点小事就大发雷霆的老板，许多员工当时都不愿鞠躬，但老板生气地说："谁不鞠躬道歉就被辞退，而且工资分文都拿不到。"员工们在老板的淫威和气势下一个个地被迫鞠躬道歉，只有雪萍始终挺直腰杆，站着纹丝不动。面对不肯鞠躬屈服的雪萍，老板恼羞成怒地大吼："不鞠躬就给我滚！"雪萍无所畏惧，立马转身大踏步走了出去，并在走出车间的时候对老板说："玉碎不改其白，竹焚不毁其节，死我都不能为这事鞠躬道歉，因为我是一个有尊严的中国人，你记住了，别以为中国人好欺负！"

永不屈服、誓死不向老板鞠躬道歉的雪萍，以自己的行动向我们展示了她做人的座右铭——玉碎不改其白，竹焚不毁其节。

同样，王如也是以此为座右铭，他将尊严深深地印在寻梦的路上，才有了如今的出人头地。

连续奔波了几天，王如终于在一间港商投资的工厂找到一份工资低得可怜的暑期工，这是他踏入社会的第一份工作，他非常珍惜。当时他的工作是组装一种遥控汽车玩具，其中有一道工序是组装玩具汽车的轮胎，是用手指将相当于轮胎的胶圈塞到类似于轮毂的胶棍上，这是一项相当难做的工作，完全靠手工完成。几乎所有人都干过，但是，没有人能够坚持下来。

王如干了一段时间后，手指头起了水泡。但是，他没有要求调换岗位，而是继续在那里干，但他的速度明显比之前慢了许多。一天中午，主管巡视生产车间，当他行至王如坐的位置时，停了下来。主管开始指责王如干得太慢，继而又对他进行一番挖苦。主管见王如没有作声，变本加厉地斥责他、质问他、羞辱他。

王如以沉默回应着，周围的人屏住了呼吸。突然，王如蓦地站了起来，主管以为他要打人，退后了几步。只听见王如一字一顿地说：“没有调查之前，希望你不要乱骂人！即使穷得一无所有，我也有做人的尊严！”王如的声音，响彻了整个车间。

说完，他大步地离开了车间。

此后，王如开始为自己的未来打拼，功夫不负有心人，王如终于有了自己的小公司……

年轻时，在我们的寻梦路上，即使我们撞得头破血流，即使我们什么都没有了，也一定要保持做人的尊严，这就是王如用行动告诉我们的真谛。赫赫有名的美国石油大亨哈默也是以守住尊严为座右铭，从而找到了人生的幸福和财富。

一年冬天，美国加州沃尔逊小镇上来了一群饥饿的流浪者，哈默也在其中。人们给他们送去饭食，他们个个狼吞虎咽，连一句感谢的话也来不及说。

但哈默是个例外，当镇长杰克逊先生把食物送到哈默面前时，哈默问："先生，吃了您的东西，您有什么活需要我做吗？"杰克逊说："不，我没有什么活需要你做。"哈默的目光顿时灰暗下去了，说："那我便不能随便吃您的东西。我不能不经过劳动便平白无故得到这些东西。"杰克逊想了一会儿说："小伙子，你愿意为我捶背吗？"说着就蹲在地上，哈默便十分认真地给他捶背。捶了几分钟杰克逊站起来说："小伙子，你捶得棒极了。"说完将食物递给哈默。后来，哈默留下来在杰克逊的庄园干活，成为一把好手。

几年后，杰克逊把自己的女儿玛格珍妮许配给了哈默。杰克逊对女儿说："别看他现在什么都没有，可他百分百会成为一个富翁，因为他有尊严。”果然不出所料，许多年后，哈默成了美国著名的富翁。

玉碎不改其白，竹焚不毁其节。无论如何，我们要守住自己的尊严，靠自己的努力，挺直腰杆，踏实地前进，这样才能站得更高、行得更远。这就是哈默的传奇人生给我们的启示。

尊严是我们独立人格的象征，是我们支撑信仰与生命的骨架。做人不能没有尊严，犹如太阳不能没有炽热的光芒，江河不能没有豪迈的奔涌一般，而这难能可贵的尊严绝不是摆给人看的，而是志气、正气、骨气、胆气、神气、底气的自然流露，它的存在令人肃然起敬，它崇高而不可侵犯。

人都要有自己的尊严，无论贫富贵贱、年龄大小，外在的诸般不利可以夺走一切，却夺不走我们的尊严。尊严是我们在事业刚起步时面对种种磨难永不屈服的铮铮铁骨，是我们从涉世之初的青涩走向功成名就的希望和灵魂，是令我们年轻的生命绽放光华的宝贵财富！

反躬自省，褪去身上的缺点

对于年轻人来说，反省不是去后悔，而是一种自我学习的能力，反省的过程就是学习过程，也是为前进铺路的过程。

曾子曰："吾日三省吾身。"世界上没有十全十美的人，更找不到没犯过错的人，如果我们能够不断地自我反省，并努力寻求解决问题的方法，从中悟到失败的教训，继而尽力作出纠正，就可以在今后避免同样的错误，完成自我的蜕变、成长和前进。

美国牧师兰塞姆的墓志铭上说："假如时光可以倒流，世界上将有一半的人可以成为伟人。"我们可以将此理解为："如果每个人都能反省自己重新来过，便有一半的人可能让自己成为一个了不起的人。"可见，反省有多么重要。

身为华为总裁的任正非曾在《华为的冬天》一文中写道："十年来，我天天思考的都是失败，对成功视而不见，也没有什么荣誉感、自豪感，而是危机感。也许是这样（华为）才存活了十年。我们大家要一起来想，怎样才能活下去，也许才能存活得久一些。失败这一天是一定会到来，大家要准备迎接，这是我从不动摇的看法，这是历史规律。"企业的发展同我们年轻人的成长是一样的，只有学会反省，才能改正自己的错误，在激烈的人才竞争中立于不败之地，不断前进。

刚进入社会的李雄，第一份工作是IT公司的经理助理。一次，他同经理一起参加软件展示会，他所在的公司获得了不错的成绩。

展示会刚一结束，李雄便迫不及待地对经理说："在这次展示会上我们取得了十项大奖中的九项，真是不错啊！”没想到的是，经理对他说：“为什么还有一个奖项没有得到呢？为什么不从这个失掉的奖项中总结经验、研讨日后我们怎么才能拿到全部奖项？”那一刻，李雄惊呆了，他没有想到经理竟然在乎的是那个失掉的奖项。同时，他也明白了为什么自己所在的公司能有今天的成就，这是因为管理者能够不断反省、总结，所以公司才能不断进步、壮大。

李雄和经理的这段对话告诉我们，每一次的反省，都是为了下一次的更正和改进。只有这样，我们才能做得更好，才能不断前进，一步步走向成功。反省是我们人生中的一面镜子，将我们的错误清清楚楚地照出来，这不是用来让我们后悔的，而是给我们改正的机会，让我们能更好地前进。

在我们的成长路上，最需要将不断反省视为座右铭，即使我们已经取得了一定的成绩，也要继续反省，这样我们才能取得更多的成绩。

宇儒就是这样一步步从服务生成长为大堂经理的。中学毕业的宇儒因家境不好，只得辍学务工，因为学历低，他的第一份工作是酒店的服务员。在接待他的第一位客人时，早上，客人刚出房门，宇儒恭敬地问道：“杨女士要用早餐吗？”客人非常奇怪，反问：“你怎么知道我姓杨？”宇儒说：“我昨天晚上已经背熟了当天所有房间房客的姓名。”这位客人大吃一惊，当天她便在留言册上表扬了宇儒，而后，她便成了这家酒店的常客。

不久，宇儒被调到了餐厅。一天上午，在宇儒值班时，他微笑着问客人："刘先生还坐老位子吗？"这位客人也显得很吃惊，宇儒主动解释说："我刚刚查过电脑记录，您在去年的6月，在大堂中间靠近立柱的位子上用过早餐，而您所点的早餐是鸡蛋、红茶、餐包，请问您还是要点老菜单吗？"

这位客人非常欣喜地说："老菜单，就要老菜单。"等宇儒上完菜的时候，他特意退后了两步，问客人："您还需要什么服务吗？"客人问："你为什么要退后两步？"宇儒说："我不希望我说话时，不小心将口水溅落到您的食物上。"客人深受感动，并在吃完早饭后直接找到了大堂经理，感谢他培养出如此优秀的服务员。

事后，大堂经理找宇儒谈心，问他是如何赢得这么多表扬的。宇儒说："这是因为我每天都反省，问我自己哪里还有服务不到位的地方，还有什么方法能让自己做得更好，这样我才能每天都有进步，我的座右铭就是——反省不是去后悔，是为前进铺路。"不久，宇儒便被破格提拔为大堂经理了。

宇儒的话就是要我们学会反省，时刻反省自己在学习和生活中存在的问题，认真思考需要改进的地方，并从中寻找解决方案，这样，我们才能点燃自己的心灯，照亮前行的人生道路。

大学毕业后，李唯望进入了一家非常普通的公司工作。公司安排李唯望从基层做起，其他新员工都在抱怨：“为什么让我们做这些无聊的工作？做这种平凡的工作会有什么希望呢？”

面对此情此景，李唯望却什么都没说，他每天都认认真真地去做领导交给他的每一件工作，还帮助其他员工去做一些最基础、最累的工作。由于这种良好的心态，他做起事来往往更快更好。

更难能可贵的是，李唯望是个非常有心的人，他对自己的工作有一个详细的记录，做什么事情出现问题，他都记录下来，然后虚心地去请教老员工，由于他的态度和人缘都很好，大家也非常乐于教他。

经过一年的磨炼，李唯望掌握了基层的全部工作要领。很快，他就被提拔为车间主任；又过了一年，他就成了部门的经理。而与他一起入职的其他员工，却还在基层抱怨着。在那一年的公司表彰大会上，李唯望被评为公司的杰出青年。在致答谢词时，李唯望说：“我之所以能站在这个位置上发言，与我平时善于反省有莫大的关系，当我们抱怨这些那些的时候，不如把手头的工作做好；当我们觉得周围环境糟糕时，不如反省是不是自己的心态有问题，这样，我们才能尽快适应社会，尽快成长！”

每个事业刚起步的年轻人都希望能以最快的速度走向成功，但实现成功要经过一番艰苦的历程，只有时常反省自己的一言一行、所思所想，才能一步一个脚印、坚实地走下去，让自己每天都有进步，并在坚持不懈的反省中认识、改变自己，不断为自己的未来铺平道路。

人无完人，学会反省可以使年轻人尽快克服缺点和不足。每一个清晨，别忘了温习一下这个座右铭：“反省不是去后悔，是为前进铺路。”唯有反省，我们才能发现自己的错误；唯有反省，我们才能看到自己的缺点；唯有反省，我们才能认清自己的灵魂；唯有反省，我们才能品味到无穷无尽的包容；唯有反省，我们才能体会到丰富多彩的成长历程；唯有反省，我们才能感受到真心实意的情感乐园；唯有反省，我们才能找到解开人生谜团的钥匙；唯有反省，我们才能大步前行，锤炼出自我的完美品质，最终摆脱平凡，脱颖而出！

为他人鼓掌，让自己的生命更丰盈

刚刚踏入社会的我们，尽管缺乏经验，但真诚地为别人鼓掌，并不代表刻意抬高别人，贬低自己；更不代表溜须拍马，而是恰到好处地对别人进行肯定，让自己时刻保持清醒。真诚地为别人鼓掌，能发现他人值得学习和借鉴的长处，也是融化人际关系的一束阳光、让自己勇于前进的动力。

学会为别人鼓掌，承认别人的成就，才能勇敢地正视自己的不足，年轻人只有不断进步，才能得到别人的掌声和认同。为别人鼓掌，其实就是在为自己鼓掌，为自己的生命加油。

美国总统大选中，克里虽然在竞选中败给了小布什，但他赢得了人们的尊重，这正是因为他能为对手真诚地鼓掌。

小布什与克里在竞选过程中，两人相互争斗、相互指责，一时间烽烟四起。可当选举结果揭晓后，克里当天就打电话给小布什，诚恳地承认在决胜州俄亥俄州选举中失败，并祝贺小布什成功连任。

克里说："不愿看到因选票争端而使国家陷于分裂，希望从今天开始愈合由于选战而裂开的伤口。"小布什也在随后发表的简短演讲中称赞克里是一个令人钦佩的对手，并且在竞选中有着出色表现，这个美好的结局出乎很多人的意料。

在小布什的就职演讲中，克里多次举起双手为布什鼓掌，这让支持克里的人自豪地说，"我们没有看错人"，同时，小布什的支持者也认为克里的表现无可挑剔，称尽管克里输掉了大选，却赢得了尊敬。

克里之所以虽败犹荣，以一个智者的形象很体面地告别大选，原因只有一个——他能够为竞争对手真诚地鼓掌，而这掌声也是他对自己的鼓励。

对年轻人来说，为别人鼓掌不仅是一种鼓励，更是一种尊重，我们如果想得到别人的尊重，就必须先尊重别人——尊重别人的才智，尊重别人的付出，尊重别人的努力，尊重别人的成果……真诚地为值得尊重的人鼓掌，你也能得到命运的垂青。

曾经，在中央电视台的一个节目中，一家知名企业举办电视招聘，招聘的岗位是海外经理，待遇和发展前景都非常好，所以求职者众多，最后有三位求职者脱颖而出，进入决赛。

三位求职者为这一职位展开了激烈的角逐。他们都显得很紧张，因为他们不论专业背景还是各方面能力都不相上下，究竟花落谁家，真的很难预料。

当时，细心的观众发现，其中一位年轻人表现很特别：当别的竞争对手说到精彩处时，他会很自然地为之鼓掌，引得台下的观众和评委也跟着鼓起掌来。而待所有的考核结束后，那位年轻人中选了，评委和企业代表一致决定把聘书发给这位年轻人，因为他在拥有出众能力的同时，还懂得尊重他人的才华。

懂得为别人鼓掌表示尊重的年轻人，命运也会垂青你，美好前程自然会对你大开绿灯。要知道，人人都可以成为英雄，互尊互重，实现双赢，才是智慧人生之道。

俗话说：“腹中天地阔，常有渡人船。”生活中的很多事情都告诉我们：初入社会，为别人鼓掌就是为自己加油。

面对还未展开的命运，年轻人难免会浮躁不安、充满悸动，这时，不妨保持一颗“平常心”，不要介意别人比自己强，要多看别人的优点、长处。这样，我们就能经常分享到别人成功的喜悦与经验，并在这些经验中不断增强自己的实力，建立更和谐的人际关系，为自己构建成功的可能，凝聚成功的力量。

为别人鼓掌是一种大将风度，不带丝毫妒忌，不存半点怀疑，而是充满祝福和肯定；为别人鼓掌是一种无畏的勇气，不害怕失败，不畏惧落后，而是锲而不舍，不断努力；为别人鼓掌是一种积极的心态，真诚地为他人喝彩，将别人的成功视为我们前进的动力，从而激励自己在前进的道路中不断挑战、勇攀高峰，最终听到为自己响起的掌声。

付出爱心，你也会获得快乐

韦唯有一首家喻户晓的歌曲：“只要人人都献出一点爱，世界将变成美好的人间。”的确，如果你从刚踏入社会就开始学习做人，心系他人，时常想着要为他人创造幸福，那么，你的爱心可能创造奇迹。

人类是有感情的动物，当你将自己的感情、爱心奉献给别人时，别人也会对你施以爱的回报，或是发自内心地感谢。被别人尊重和关心是每个刚走进社会的人所希望的事情，但如果我们不付出爱心，就很难收获别人的关爱。

谨记“你的爱心可能创造奇迹”这句座右铭，你的内心世界将会得到延伸，你的天空将会更加辽阔。王维正是用他无私的爱心，谱写了一曲悠扬的生命之歌。

王维刚踏上工作岗位，准备一展自己的才华，实现自身的抱负。不料，在一次身体检查中，王维被诊断出患有尿毒症。由于家境贫穷，面对昂贵的治疗费，年轻的王维没有任何能力承担。想到自己将要离开人世，王维向市红十字会申请了一份遗体捐献书，他想，自己离开人世后，将遗体无偿捐献出来，这样既能拯救其他病人，也能让自己的生命得到延续。

待捐献遗体手续办完后，王维本想平淡地度过余下的光阴，但他还是想向社会贡献自己的一点儿爱心，于是他选择在公交车上卖报纸来赚钱，资助一些贫困学生。令人欣喜的是，他的事迹被市电视台一位记者知道了，记者连续几天跟踪报道了王维的感人事迹，深受感动的市民、单位自发为王维捐款达数万元。

又一次看到希望的王维，来到医院接受了透析治疗。可惜命运是如此残酷，就在王维治疗期间，狠心的妻子竟撇下他离家出走，这让王维产生了巨大压力。守着空房的王维再次决定放弃治疗，他将剩余的款项捐给了市抗癌基金会。会长知道此事后坚决不收他的捐款，不但将钱如数奉还，又另捐数万元给他。后来，一位不愿透露姓名的好心人被王维的举动所打动，说自己曾经接受过王维的帮助，现在愿意负担王维治疗的全部费用，并已将治疗费汇给了医院。

王维再次与病魔积极地斗争，同时也非常感谢这位素未谋面的救命恩人，他说："未来，我将用更多的爱心回报社会，报答这位大恩人，我没想到，我曾经付出的一点点爱心竟然能够挽救自己的生命，我一生都要感谢这位恩人，并用我所有的爱心竭尽所能地帮助周围的人。"

王维之所以能得到这么多陌生人的关心和支持，与他的无私奉献是分不开的。社会上需要我们付出爱心的地方很多，我们哪怕每天只付出一点点爱心，也会体现出其中的价值与意义，也会在不经意间赢得别人一生的感谢。

利凤就是这样改变了珊珊的一生，令珊珊铭记终生。珊珊是一个聪明的孩子，但读小学时对学习完全没有兴趣，考试成绩也很差。利凤作为青年教师，第一次担任班主任。看着珊珊每天总是紧锁双眉，从没笑脸，上课也没有精神，而且经常逃课，利凤非常着急。

后来，利凤从别的学生那里了解到珊珊的情况。原来珊珊的妈妈在她很小的时候就离家出走了，只留下姐姐和她与爸爸共同生活。爸爸又没有固定的工作，靠收废品维持生计，所以没有时间照顾她。因此，珊珊从小生活在恐惧和冷漠之中，心理也有了障碍，认为全天下只有自己最可悲，只有自己得不到关爱。

面对珊珊的这种情况，利凤想直接找她谈话，但又担心这样的做法太唐突，反而让她们的关系疏远，使珊珊更加自卑。正当利凤不知所措之时，珊珊的一篇日记给了她启发。珊珊在日记里诉说了自己心中的郁闷，埋怨世界的不公。于是，利凤开始和珊珊用日记交流，珊珊的每一篇日记利凤都读得很仔细，改得很认真，并且针对日记内容写下大段的评语，将自己的爱全部转化成文字告诉珊珊。

利凤在给珊珊日记的评语中写道：上天是公平的，我们失去一部分东西，上天一定会在别的地方给我们以补偿；我们的不幸和真正不幸的人比起来实在算不上什么，和他们比我们实在太幸运了；我们要充满爱地面对世界，有爱的世界就有奇迹。

除了日记中的交流，利凤也开始在日常生活中竭尽全力关心珊珊，时常嘘寒问暖。

慢慢地，利凤发现珊珊对同学们的态度有所好转，开始主动接近大家，同时也会帮助利凤做一些力所能及的事情；而利凤也主动让她帮忙，并趁着这段时间，一边工作，一边和珊珊聊天。渐渐地，她们的心走在了一起。

许多年过去了，那个内向忧郁的珊珊不见了，取而代之的是一位优秀、美丽的年轻女人，脸上经常绽放着美丽的笑容。面对自己的变化，珊珊由衷地说："我这辈子都要感谢利凤老师，是她无私的爱心改变了我的一生。以前我一直以为我很不幸，恨自己有这样的命运。现在我知道了，这是'天将降大任于斯人也'。以后，我也要做和利凤老师一样的人，用爱心构筑世界！"

诚如珊珊所说，我们这个社会需要用爱心来构筑。也许只是危难时伸出援手，但它可以救活一个人；也许只是薄薄的一条毯子，但它可以温暖一个人；也许只是一句鼓励的话语，但它可以换回失意者的希望……

所以，从现在开始，学会付出我们的爱心吧，点滴的爱心可能会创造奇迹。而更重要的是，这样的你能始终处于积极热情的状态中，你的人生也会随之改变，你的世界也会充满欢笑，你的命运也会更加精彩！

岂能尽遂人意，但求无愧于心

在闯荡社会之初，我们或许没有令人称道的外表和优雅的风韵，但同样能拥有吸引人的气质，而这种气质就是无愧于心。无愧于心是我们内在精神的体现，它没有具体的表现形式，而是我们对生命的一种实实在在的解释。

若是美德能分为显性和隐性，那无愧于心就具有隐性特征。其表现在年轻人学做人上，就是要我们能宽厚待人、以诚示人、赤胆为人。无愧于心是我们步入社会后的立身之本、处世之道、待人之术，是以心换心、以情换情的那份真诚，是阳关大道、人间正道的指南针，是我们性情中的真善美。

无愧于心的人往往在事业刚起步之时，就将名节看作泰山，将信义看作准绳，将忠诚看作标志，有着“君子一言，驷马难追”的气魄，有着“宁可天下人负我，我不负天下人”的坦荡，他们以“岂能尽遂人愿，但求无愧我心”为座右铭来鞭策自己堂堂正正做人。无愧于心的人不会算计、欺骗和出卖朋友，与这样的人打交道，如在笼罩着白茫茫月光的湖面上泛舟，让人感觉宁静温馨。

或许是最初创业的经历比较艰辛，王聪看上去比实际年龄显老，让人无法相信他还不到30岁。但他已经一手创办了一家小有名气的公司。当说到他的做人、创业经验时，他说：“做人无愧于心就是我的座右铭，世事难料，不可能随心所欲，但只要无愧于心，对得起自己就行了。”

王聪最初是一名装修临时工，虽然被人骗过，但他依然坚持自己的原则，他守着“岂能尽遂人意，但求无愧于心”这条座右铭，开始了在装修市场的创业。由于待人真诚，收费公道，做工精细，渐渐地，王聪开始在装修市场中有了名气。几年下来，王聪完成了原始积累，成立了自己的装修公司。

凭着“无愧于心”的座右铭，王聪的事业之路走得踏踏实实。在充满竞争的市场中，王聪开创事业的过程，展示的不仅是他的坚韧执着，更重要的是他优秀的做人品质。

对年轻人来说，学做人不是一件简单的事情，想成为一个成功的人，无愧于心是一种基本要求。曾有人说，世界上广阔的是海洋，比海洋广阔的是天空，比天空广阔的是人的胸怀。做事无愧于心不代表我们懦弱、无能，而是一种做人的气度、雅量。只有虚伪、做作的人，才会使人与人之间缺少信任，缺少融洽，缺少和谐，缺少坦诚与真爱。

从读书时代开始，海尔曼就将“无愧于心”视为自己的座右铭。当他走入社会后，他更是将此融入他的职业规划中，并以此作为他做医生的职业操守。一天夜里，海尔曼的诊所被一个小偷撬开。慌忙中，小偷不慎摔断了大腿骨，想跑也跑不了。这时，海尔曼和助手从楼上下来，助手说：“打电话让警察把他带走吧！”海尔曼却说：“不，在我的诊所，病人不能这样出去！”海尔曼连夜给他做了手术，并打上石膏绷带。所有治疗工作完成后，海尔曼将小偷交给警察。助手问：“他偷了您的财物，您怎么还如此给他治疗呢？”海尔曼回答说：“救死扶伤是医生的天职，不管怎么样，我要做到无愧于心。”

在海尔曼眼里，小偷在没有摔伤前是一个盗贼，是令人憎恨的，但他受伤之后，就变成了一个需要治疗的病人。在医生眼里，只有病人，没有其他，哪怕他在几秒钟前还对自己产生过威胁，偷盗了自己的财产。海尔曼的行为，忠实地履行了一个医生的职责，也反映出他高尚的人格魅力，更是他对“无愧于心”这句座右铭的践行。

做人无愧于心是我们在社会中展开人际交往的基石，这种品质令人回味、赞赏，不在于一时一事。凡事无愧于心的年轻人让人信赖、让人踏实、让人熨帖、让人感动。这样的年轻人，可做朋友，亦可做知己。

刚走进社会，虽不可能事事如自己心意，但若我们做人做事能无愧于心，就算不一定得到丰厚的回报、万事顺意的发展，也会得到周围的朋友、同事发自内心的拥护、赏识，继而间接得到发展的机会。

以无愧于心为座右铭的年轻人心地单纯，能化复杂为简单；以无愧于心为座右铭的年轻人心胸宽广，能化恩怨干戈为真情玉帛；以无愧于心为座右铭的年轻人心存善良、心向美好，少栽刺，多栽花；以无愧于心为座右铭的年轻人如参天大树，能给人遮挡暑热；以无愧于心为座右铭的年轻人，胸怀宽容坦荡，有容乃大；以无愧于心为座右铭的年轻人，如河水深层的劲流，厚积薄发；以无愧于心为座右铭的年轻人，如淙淙甘泉，滋润着周围人的心灵，令大家如沐春风，却不怀一己之私心。

让“岂能尽遂人愿，但求无愧我心”成为我们每个年轻人的座右铭吧，这样我们才能不求功名，只愿载众人善良之心，陶冶自身情操，尽享做人之本！

第2章

你想获得成功，就要付出更多

成长的道路上没有什么捷径，我们只有踏踏实实地努力，勤勤恳恳地付出，甚至比别人付出更多的辛劳和汗水。每天比别人多走一步，才可以走向成功，才有可能到达成功的彼岸。

历尽千帆，历练自己

只有不倒下，我们才有取胜的可能。如果经不起挫折，受不了历练，我们将深埋在痛苦的生活里，永远没有希望，也没有前进的方向。其实，挫折带来的并不全是坏事，它能使我们的人生绽放出最美丽的成功之花，而从挫折中汲取的教训将是我们迈向成功的垫脚石。有人曾说:“挫折就像是一块石头，对于弱者来说，它是一块绊脚石，让你却步不前；对于强者来说，它是一块垫脚石，让你望得更远。”当生活的华丽褪去，我们赫然发现：生活就是一块不平坦的磨刀石，我们每个人都必须经过它的打磨。这是因为，挫折造就了生活。

1950年，弗洛伦丝·查德威克因成为第一个成功横渡英吉利海峡的女性，她因此闻名于世。两年后，她从卡德林那岛出发游向加利福尼亚海滩，想再创一项前无古人的纪录。

那天，海面浓雾弥漫，海水冰冷刺骨。在游了漫长的16个小时之后，她的嘴唇已冻得发紫，她全身筋疲力尽，一阵阵战栗。她抬头眺望远方，只见眼前雾气茫茫，仿佛陆地离她还十分遥远。

“看来这一次无法游完全程了。”她这样想着，身体立刻就瘫软下来，甚至连再划一下水的力气都没有了。

“把我拖上去吧！”她对陪伴着她的小艇上的人说。

“咬咬牙，再坚持一下，只剩一英里远了。”艇上的人鼓励她。

“别骗我，如果只剩一英里，我就应该能看到海岸，把我拖上去，快，把我拖上去！”于是，浑身瑟瑟发抖的查德威克被拖上了小艇。

小艇开足马力向前驶去。就在她裹紧毯子喝了一杯热汤的工夫，褐色的海岸线就从浓雾中显现出来，她甚至都能隐隐约约地看到海滩上欢呼的人群。

此时，她才知道，艇上的人并没有骗她，她距离成功确确实实只有一英里！她仰天长叹，懊悔自己没能咬咬牙再坚持一下。

俗话说：“行百里者半九十。”最后的那段路往往是一道难越的门槛，因为在我们历尽艰辛、心力交瘁的时候，即使一个小小的变故或障碍也可能把我们击倒。这个时候，意志就显得至关重要。一位拳手曾经说：“在受到对手猛烈重击的情况下，倒下是一种解脱，或者说是一种诱惑。每当这时候，我就在心里对自己叫喊——挺住，再坚持一下！因为我只有不倒下，才有取胜的可能，胜利往往来自‘再坚持一下’的努力。”

没有经历过生活，自然不会理解生活的艰辛；没有真正地经历过挫折，自然不懂得选择快乐的角度。挫折一旦来临，就想要逃避这个世界，这本是一种不负责任的做法。古人云：“百糖尝尽方谈甜，百盐尝尽才懂咸。”只有真正经历了生活而不倒下的人，才能放眼望世界，因为生活会在挫折的打磨下变得多姿多彩。

每一次失败都是为成功添砖加瓦

人生从来不可能一帆风顺，因为各种挫折、困难都会出现在我们的人生里。在这个世界上，没有一如既往的顺利，只有磕磕绊绊的成功。在前进的路途中，暴风雨总会不期而至，我们只有把握好船舵，才能到达成功的彼岸。所谓“宝剑锋从磨砺出，梅花香自苦寒来”，人生其实就是一个不断磨炼自己的过程。只有从不断的失败中吸取经验教训，不断让自己成长，你才能取得最后的成功。人也只有在坎坷中才能不断地完善自我，充实自己，才能更好地主宰自己的人生方向。人生本没有一如既往的顺利，只有披荆斩棘才能不断前进；人生没有永远的成功，只有在挫折中站起来才是真正的成功。

在玫琳凯小时候，妈妈总是这样对她说：“你能做到，玫琳凯，你一定能做到。”在失败的时候，母亲总是鼓励玫琳凯展望未来："你绝不可能每一次都是最棒的，接受失败，学会如何从失败中吸取教训，你才能继续前进。"面对失败，不要生气，玫琳凯女士不仅将妈妈的话作为自己的座右铭，而且将它作为公司的理念来激励更多的女性。玫琳凯坦言，自己创建公司是在遇到了一些挫折之后才真正开始的。

玫琳凯说："我建立公司时的设想是让所有女性都能够获得她们所期望的成功，这扇门为那些愿意付出并有勇气实现梦想的女性带来了无限的机会。"然而，在创业之初，她就经历了失败。玫琳凯用5000美元建立了"美梦公司"，自己包装产品，贴标签，在标签上写着"玫琳凯化妆品"。但是，就在公司开张一个月的时候，丈夫因心脏病发作不幸去世，同时，律师警告她，经营化妆品公司的失败率极高。但是，玫琳凯仍决定再试一次。一路走来，她也经历不少挫折，但是，玫琳凯从来不灰心、不泄气。

有一句很受玫琳凯推崇的话是："失败一次，就向成功靠近一步。"那些成功者绝不会害怕所面临的失败，从来不畏惧再次尝试。玫琳凯经常对公司员工说："如果比较一下我们的双膝，你们会看到我膝上的伤疤比在场的任何一个人都要多，这是因为我一生中有过无数次摔倒再站起的经历。"把人生的每一次失败都当作尝试，不要总想着顺顺利利地成功，不要埋怨，接受每一次失败，并从中吸取教训，这样才会在成功的路上走得更远。

有人说："每个人都没有你想象中的那么幸福，而成功的人，更有你想象不到的痛苦经历。""不经历风雨，怎能见彩虹，没有人能随随便便成功。"其实，世间万事皆是如此，如果你想成功，你就必须比别人吃更多的苦，付出更多的努力。"一分付出一分收获，未必；九分付出一分收获，一定！"为了自己心中的目标，你要付出加倍的努力。成功是给予那些勇于付出、甘于吃苦的人的。当你在享受生活的时候，未来的成功者却在痛苦地挣扎着，这就是平庸者与成功者的区别。

坚持不懈，总能收获成功的果实

所有的成功者最初都是由一个小小的目标开始奋斗的，一旦拥有了目标，你就会产生无穷的力量。你想拥有一个什么样的人生，全在于你持有一个怎样的目标，对于我们来说，最重要的就是要确立目标，迎着目标向前走。而多数人没有实现目标，就在于不能坚持。在人生的旅途中，我们常常会遭遇各种困难与挫折，但是，请不要轻易地放弃。其实，人生就如沙漠，而绿洲就是我们的信念与目标。在追求目标的过程中，遇到了困难要努力坚持，因为目标与信念可以战胜一切的恐惧。在追寻目标的过程中，我们既需要有危机意识，更需要有坚定的信念，只有这样我们才能稳步前进，最后实现自己的人生目标。

有个胖太太每天都说要减肥。但是，她的饭量仍比别人大，睡觉的时间仍比别人长。让她做些家务，她说太辛苦了；提醒她应该做运动，她嫌太劳累了；邀她一起到公园慢跑，她又怕晒太阳，又怕流汗。

有一天，胖太太站在磅秤上，低头一看停在70公斤的指针，不禁大吃一惊。那天她狠下心，一整天只吃一点点东西，油盐甜腻皆不入口。接着，她迅速到体育用品店购买了全套的运动服，拼命般地又跑又跳。从第二天起，她开始了少吃多运动的生活习惯。

大家都以为这一次她肯定能减肥成功。第三天，她很有信心地继续着她的计划。一个星期后，她充满信心地又站上了那个令她心跳加速的磅秤。当发现指针仍固执地指在70公斤时，胖太太像被扎破的皮球一样，很快就泄气了。

她认为自己上当了。自己不是没尝试过，也不是没努力过，却没看到成绩。她生气了，失望透顶的她又一次放弃了减肥计划。从第八天起，绝望的她又恢复了以前的生活方式——大吃大喝，想睡就睡，运动服则束之高阁。于是，胖太太越来越胖，现在已经到75公斤了。

许多人没有达成自己的目标，就在于不能坚持。其实，对于成功来说，最忌讳的就是一曝十寒。很多时候，并不是目标或方法错了，而是你做事的态度出了问题。或许，坚持下去，不远处就是成功。

想要完成既定目标，提高自己的工作效率，关键在于立即行动。你应该在每天早起后立即开始做对你来说最重要的那件事情，并使之成为一种习惯。这样时间久了，你就会坚持多一点。大量的研究表明，那些成功人士身上最显著的共性是“说做就做”。一旦有了明确的目标，他们就会立即展开行动，一心一意、持之以恒地完成这项工作，直到实现目标。

一种好习惯，让你受用一辈子

人生就是一个求生存、求繁衍、求发展的漫长过程，在这个过程中，不但要满足日常衣食住行的需要，还需要逐步提高物质生活和精神生活水平，这就决定了我们终其一生几乎是离不开钱的。那么钱从哪里来呢？俗话说：“君子爱财，取之有道；君子爱财，更当治之有道。”这里所说的“取”就是挣钱，而“治”就是理财。如何理财呢？哲人说：习惯会决定你一生的命运。假如我们从小就养成了勤俭节约的理财好习惯，那长大后我们所收获的将是黄金般的人生。

石油大王约翰·洛克菲勒是美国19世纪的三大富翁之一。

洛克菲勒享年98岁，他一生至少赚了10亿美元，光捐出的善款就有7.5亿美元，而他平时花钱却十分节俭。

有一次，他下班想搭公交车回家，但发现缺了1美元，他就向秘书借，并说："你一定要提醒我还，免得我忘了。"

秘书说："请别介意，1美元算不了什么。"洛克菲勒听了一本正经地说："你怎能说算不了什么！把1美元存在银行里，要整整10年才有1美元的利息啊！"

据此，理财大师洛克菲勒告诉我们：假如你想积累巨额的财富，需要从砖头般的1元钱攒起；假如你想收获黄金般的精彩人生，那就请从一点一滴的好习惯做起，这就是习惯决定命运。闲暇时，你不妨问问自己：为什么我是穷人？同时，你应该检查自己的习惯：我是否平时有花钱大手大脚的习惯？我是否从来不把一毛钱当钱？

一个英国人和一个犹太人一同去找工作。一天，他们同时看到有一枚硬币躺在地上，英国人看也不看就走了过去，犹太人却激动地将它捡了起来。

两个人同时走进一家公司，公司很小，工作很累，工资也很低，英国人不屑一顾地走了，犹太人却高兴地留了下来。

两年后，两人在街上相遇，犹太人已经成了老板，而英国人还在寻找工作。

有时候，好的理财习惯就是从一枚硬币开始的。在上面这个故事中，英国人并非不需要钱，可他眼睛盯着的是大钱而不是小钱，所以他的钱总是在“明天”。事业的积累是从“每一个硬币”开始的，任何一种成功都是从一点一滴积累起来的。

有的人看上去很幸运，对他而言，他只不过做了一件他认为很平常的事情，而正是这件很平常的事，却给他的命运带来不平常的改变，从此以后，他的生活就像帆船一样乘风破浪、直闯天际。在人生的旅途中，一种好的习惯会使我们的命运处处充满奇迹，它像风帆一样控制着各人命运的方向，我们也许无法选择命运，但我们可以改变命运，拥有了好习惯，就拥有了改变命运的工具。

心理学家说：“播下一个行动，你将收获一种习惯；播下一种习惯，你将收获一种性格；播下一种性格，你将收获一种命运。”良好的行为习惯并不是天生的，完全可以通过后天来培养。昨日的习惯，已经造就了今日的我们；今日的我们，则决定着明天的我们。让我们从现在开始，从今天做起，培养良好的理财习惯，这样才能创造辉煌的未来。

孔子说：“少成若天性，习惯如自然。”小的时候养成的习惯就会像人的天性一样自然、坚固，甚至可以说已经成了你的天性。你日后所取得的成功、创造的奇迹，很多方面都是由小时候形成的习惯所支撑的。习惯是一种多么顽强的力量，它可以主宰人的一生。所以，我们应尽早建立一种好习惯，并持之以恒。

得失淡然，不必计较

哲人说：“错过花，你将收获雨。”在人生道路上，失去某种东西对于我们来说可能是一种遗憾，然而，这也是对人生的另一种体验。这样想来，失去何尝不是一种获得呢？学会选择，懂得在失去中寻找，在失去中体验，在失去中获得，这样，我们的内心会更加丰富和充实，难道这不是一种收获吗？即使是同样一件事情，不同的选择，有的人会觉得这是一种失去，而有的人则会觉得这是一种收获。之所以产生这样的分歧，是因为我们的思考有所不同。

在每年的七八月份，印第安人居住地区的冰雪开始大面积融化，气温也逐渐开始回升，出现短暂的春天景象，十分美丽。但是，随着气温的升高，大量的蚊虫也开始出现，另外，由于当地物种稀少，那些饥饿的蚊虫就会飞到人类聚居的地方，吸食人类的血液来维持自己的生命。让人感到奇怪的是，当地的居民对这些嗡嗡乱叫的蚊虫十分仁慈，从不轻易伤害它们。有的游客拿出杀虫剂喷洒，还会被当地居民制止。这是为什么呢？

原来，一种被称为驯鹿的动物是当地居民过冬的主要肉质来源。可是，在天气比较暖和的时候，大批的驯鹿会自发成群结队地向低纬地区迁移，因为那里有大量的水草，如果没有人驱赶它们，它们就不愿意在严寒到来的时候准时回来。但是，在北极地区，靠人力来驱赶根本是不可能的事情。这时候，那些讨人厌的蚊虫就显示了它们的威力——开始降温后，蚊虫就会飞到低纬地区逃命，自然会与驯鹿不期而遇。那些吸食血液的蚊虫是驯鹿无法抵御的天敌，而前边的气候还不适宜生存，所以那些驯鹿走投无路之下只能往回走。这一下，正好合了人们的心意。

聪明的印第安人掌握了自然界物物相克的规律，所以甘愿忍受蚊虫叮咬的痛苦，以换取长远的利益。在他们看来，眼前的得失并不需要挂在心上，那些长远的考虑才是智慧者的生存之道。所以，在那些被蚊虫叮咬的痛苦日子里，印第安人并没有过多地埋怨，而是保持着一种乐观豁达的胸怀，因为他们知道，有了蚊虫的存在，这个冬天就不用愁食物了。

在高速行驶的火车上，一个老人刚买的新鞋不小心从窗口掉出去一只。

周围的人倍感惋惜，不料老人立即把第二只鞋也从窗口扔了下去。

老人的想法是：这一只鞋无论多么昂贵，对自己而言都没有用了，如果有谁能捡到一双鞋子，说不定他还能穿呢！

“与其抱残守缺，不如就地放弃。”很多时候，事物的价值并不在于谁占有，而在于如何占有。对于世界万事万物而言，一切都是暂时的，一切都会消逝，让暂时的失去变得可爱，最后你会发现，失去并不一定是损失，也可能是一种获得。

在人生的道路上，有着太多的得，也有着太多的失，许多人一直都在计较着得与失，所以，每一天都在抱怨、懊悔中度过，在漫漫人生中，他们没有哪一天是真正地快乐。无声的年华岁月将我们带走，看尽了繁华落尽，我们才会感叹：这一路走来，自己竟然忽视了那么多的美好风景，以前只是拼了命地计较得失，到现在已经没有什么可失去的了，但也从来没有得到过什么。其实，面对失去，只要学会转变思维角度，你就会发现这其实是一种获得。

第3章

宽以待人，你会收获更宽广的人生路

人生的诸多问题，牵念无益，依恋无趣，每一次成长都有一串沉重的往事，每一次蜕变都有一番苦苦的徘徊。在人与人的交往中，多一分体谅和担待，就多一分和气与机会，正所谓心宽路自宽，造福别人，定会庇佑自己。

信任他人，别疑神疑鬼

生活中，我们常会碰到一些猜疑心很重的人。可能曾经受到他人的欺骗，也可能是本性使然，他们整天疑心重重，总感觉会被他人加害，认为人人都不可信、不可交。我们不能否认的一点是，在现代社会，信任不知何时成了奢侈品，我们在媒体上看到太多因为信任别人而上当受骗的例子，于是每个人都开始用怀疑的目光揣测身边的人，信任似乎开始远离我们的生活。然而，信任是我们生活中最不可少的一部分，如果缺少了信任，我们的生活就失去了阳光，世间就缺少了温暖。

一艘货轮在烟波浩渺的大西洋上行驶。突然，一个在船尾做勤杂工作的小孩不慎掉进了波涛滚滚的大西洋。孩子大喊救命，无奈风大浪急，船上的人谁也没有听见，他眼睁睁地看着货轮拖着浪花越走越远……

求生的本能使孩子在冰冷的海水里拼命地游，他用尽全身的力气挥动着瘦小的双臂，努力使头伸出水面，睁大眼睛盯着轮船远去的方向。

船越走越远，船身越来越小，到后来，什么都看不见了，只剩下一望无际的汪洋。孩子的力气也快用完了，实在游不动了，他觉得自己要沉下去了。放弃吧，他对自己说。这时候，他想起老船长那张慈祥的脸和友善的眼神。不，船长知道我掉进海里后，一定会来救我的！想到这里，孩子鼓足勇气，用最后的力量朝前游去……

船长终于发现那孩子失踪了，当他断定孩子是掉进海里后，下令返航搜寻。这时，有人规劝："这么长时间了，那孩子就是没有被淹死，也让鲨鱼吃了……"船长犹豫了一下，还是决定回去找。

终于，在那孩子就要沉下去的最后一刻，船长赶到了，救起了孩子。

苏醒过来之后，孩子跪在地上感谢船长的救命之恩。此时，船长扶起孩子问：

"孩子，你怎么能坚持这么长时间？"

孩子回答："我知道您会来救我的，一定会的！"

"你怎么知道我一定会来救你的？"

"因为我知道您是那样的人！"

听到这里，白发苍苍的船长"扑通"一声跪在孩子面前，泪流满面："孩子，不是我救了你，而是你救了我啊！我为我在那一刻的犹豫而感到羞耻……"

从这个故事中，我们可以感受到，能够完全被一个人信任是一种幸福，能够毫无保留地信任一个人也是一种幸福。其实，我们的生活原本很简单，是各种人为制造的原因，才使之变得复杂起来。而这种复杂的活法，又多是功名利禄惹的祸。比如，为了一己私利、一时功名，人与人之间不惜勾心斗角、尔虞我诈，于是每个人都活得累；为了猎取尽可能多生不带来、死不带去的“身外物”，人与人之间就不惜明争暗斗、相互算计，于是信任不再，每个人都活得沉重。因此，要放下猜疑，首先必须放下那些所谓的身外之物，让自己重生。

懂得信任他人的人才会拥有朋友和良好的人际关系，而这些是决定一个人成功的不可缺少的因素。正如雷纳夫妇指出的：“要想顺利开展工作，人们就必须构建相互信任的协作关系。”在人生的过程中，应该多一些信赖，少一些谋略；多一点豁达，少一些算计。

宽容不仅是一种品质，更是至高无上的智慧

宽容是一种美德，如果我们不能以善良、忍耐和宽容的心情来包容这个世界，那么，这个世界上将满是忧伤和哀叹，而快乐与幸福将远离我们。有人不明白：宽容到底是什么？一只脚踩到了紫罗兰的花瓣上，而鞋底却保留着花的香味，这就是

宽容的最好诠释。屠格涅夫说：“不会宽容别人的人，也不配得到别人的宽容。”如果我们想赢得别人的宽容，自己首先要能宽容对方，所以，宽容又是相互的，它不仅嘉惠了别人，而且提升了自己。古人云：“金无足赤，人无完人。”谁都有犯错误的时候，更何况“知错能改，善莫大焉”，当一个人无意犯下了错误，或者是伤害了你的时候，何不给对方一个宽容的微笑呢？

迈克尔是约翰逊的朋友。一天，他正走在街上，边走边把竹条缠绕在身上玩，一不小心，竹条的一端脱了手。当时，迈克尔正在木桥边，农民罗宾逊的儿子在那里放了一罐水，准备挑回家。正巧，迈克尔的竹条弹回来把水罐打翻了，但是，罐子并没有破碎。迈克尔急忙赔礼道歉，谁知道，罗宾逊的儿子跑过来就开骂，丝毫不理会迈克尔的解释，突然，罗宾逊的儿子抓住了迈克尔的竹条，将那根漂亮的竹条折扭了。

这竹条是父亲送给迈克尔的，如今扭成了这样子，迈克尔十分生气，他满脸涨红，不停地咕哝着：“我一定要报复他，我要他从心底感到后悔。”约翰逊正好从那里经过，他好奇地问道：“谁？你要报复谁呀？”迈克尔抬头一看，见是自己的好朋友，便把自己的遭遇讲述了一遍。听了迈克尔的“发泄”，约翰逊笑着说：“他的确是个坏孩子，但是，他已经受到了足够的惩罚，没有人喜欢他，他几乎没有什么朋友，也没有什么娱乐，这就是对他的惩罚，也足够当你对他的报复了。”迈克尔却执意说：“那竹条可是父亲送我的礼物，那么漂亮的竹条，我只是无意间打翻了他的罐子，我一定要报复他。”

约翰逊无奈地说：“好吧，迈克尔，不过我认为你不要理会他会更好些，因为轻视就是你对他最大的报复了。”说完，约翰逊想起来一个笑话：“有一次，罗宾逊的儿子看到了一只蜜蜂在花丛中飞来飞去，就想把它抓住再揪掉它的翅膀，可是，他很倒霉，蜜蜂蜇了他一下，然后又安全地飞进了蜂巢，他被疼痛激怒了，就像你现在这样，他发誓要报仇。于是，他找来了一根棍子，朝蜂巢捅了几下。顿时，一群蜜蜂飞了出来，向他扑去，蜇得他浑身上下都是伤痕。你看，这样的报复并不会得到最后的胜利，所以，我劝你不要计较他的鲁莽，他就是个坏孩子，比你厉害多了。”

听了约翰逊讲的故事，迈克尔点点头：“你的建议的确不错，那么跟我一起到父亲那儿去吧，我想告诉他事情的真相，相信他不会生气。”迈克尔将事情的真相告诉了父亲，父亲十分感谢约翰逊给儿子的忠告。

过了几天，迈克尔又碰见了罗宾逊的儿子，他正挑着一担重重的木柴朝家里走去，结果，不小心跌在了地上，爬不起来。迈克尔跑过去帮他捡起了木柴，小罗宾逊感到十分愧疚，心里难受极了，为自己以前的行为感到后悔。而迈克尔则高高兴兴地回家去了，他想："这才是最绅士的报复，以德报怨，对此，我怎么可能感到后悔呢？"

对于他人无意或有意犯下的过错，我们要学会谅解，放下心中的愤怒与仇恨，以平和心态来对待。报复，只会让我们获得一种暂时的快感，而之后的日子里，我们都将在悔恨与内疚中度过，因为我们永远背上了道德的枷锁。以平和的心态对待，以宽容的姿态拥抱对方，这才是最绅士、最高雅的惩罚。以德报怨，这样，我们就不会后悔了。

泰德说："宽恕胜于报复，因为，宽恕是温柔的象征，而报复是残暴的标志。"事实证明，宽容比惩罚具有更强烈的感化力量，宽容待人的同时，也为自己创造了一个融洽的环境。针锋相对带来的只会是两败俱伤，而宽容带来的将是一份美好的情感。正所谓"以恕己之心恕人则全交，以责人之心责己则寡过"，宽容不是迁就，更不是软弱，而是一种修养，更是一种充满智慧的处世之道。

凡事留余地，也是为自己留余地

中国有句老话："为别人留余地就是为自己留余地。"事实的确如此，我们都是社会中的人，都要和周围的人打交道，难免产生分歧，但不管谁是谁非，“得罪”别人无论从哪个角度来说，都不是一件好事。为此，你一定要记住，永远不要与人争执，逞口舌之能只能图一时之快，终究赢不了什么。永远不要争执的意思就是，不要和人针锋相对、斤斤计较……永远不要和人争执体现的是一种“放下”的智慧，是豁达的心胸、宽容的理念、做人的技巧、宽恕的美德……相反，处处爱和人争执是自私的表现。凡事应先站在别人的立场考虑，然后做出反应和行动，这才是明智之举。

宋朝时，有一位精通《易经》的大哲学家邵康节，他与当时的著名理学家程颢、程颐是表兄弟，同时和苏东坡有往来。但二程和苏东坡一向不睦。

邵康节病得很重的时候，二程兄弟在病榻前照顾。这时外面有人来探病，程氏兄弟问明来的人是苏东坡后，就吩咐下去，不要让苏东坡进来。

躺在床上的邵康节，此时已经不能再说话了，他就举起一双手来，比成一个缺口的样子。程氏兄弟有点纳闷，不明白他做出的这个手势是什么意思。

不久，邵康节喘过一口气来，说：“把眼前的路留宽一点，好让后来的人走走。”说完，他就咽气了。

邵康节的话是很有道理的，人活一世，真正的大智慧是懂得运用发展的眼光看问题，千万不要使自己的思维和言行沿着某一固定的方向发展而走到极端，因为事物是复杂多变的，任何人都不能凭着自己的主观臆断来判定事情的最终结果。如果你是个做事容易冲动的人，与人交恶也很正常，但即使在这种情况下，也不要口出恶言，更不要说出“情断义绝”“势不两立”之类过激的话。不管谁对谁错，最好都闭口不言，以便他日狭路相逢还有个说话的余地。

俗话说得好：“三十年河东，三十年河西。”在社会发展日新月异的当今时代，那些曾经和你为了小事争执不下的“敌人”，转眼间就可能成为你的商业伙伴、同事或者领导。人情世事的变化速度越来越快，社会生存的空间也变得越来越小，用不了“十年”，每个人的社会地位、人际关系、生存状况等就可能发生此消彼长的变化，人们相互间更是“低头不见抬头见”。如果把话说得太满、过绝、咄咄逼人，让对方下不来台，将来一旦发生了不利于自己的变化，就难有回旋的余地了。

永远不要与人争执，即使你赢了，争执也不能使对方信服于你。“世人都很精明，你如何让人信服你并愿意支持你才是最重要的”，李嘉诚就是靠这个理念，才成为万人景仰的财富巨人。心理学家建议，在“开战前”30秒，先问自己三个问题：第一，究竟是什么在让我生气？第二，这件事情是否很糟糕，需要通过吵架来解决？第三，吵架能解决问题吗？在回答完这三个问题后，你会发现，有些事情根本不值得争吵。

未来如何，取决于你今天的心态

一个人要学会分享，独乐不如众乐。在生活中，人们都希望自己的生活充满快乐，但快乐并不是常常光顾。我们不仅要善于发现快乐，更要把快乐传递给他人。当然，要想带给他人快乐，我们自己先要快乐，如果自己都不快乐，拿什么去传递给别人呢？要做一个传递快乐的人，我们就要善于发现隐藏在生活中的快乐。有时候，一个微笑，一声问候，都能给对方带去快乐；帮助盲人过马路，帮助路人提行李，这些都能够将自己的快乐分享给他人，更能体现一种难能可贵的爱心。

曾经有人说：“一个快乐与人分享，就会变成两个快乐。”当你把快乐分享给别人时，快乐便增值了。

在第二次世界大战期间，多克是在野战医院工作的志愿者。战争给士兵带来了痛苦与烦闷，面对医院里阴沉的气氛，为了帮助伤员驱走心中的阴云，给予伤员战胜痛苦的力量，多克在医院的墙上写了一句话：“没有人会在这里死去。”他的行为引起了人们的注意，大家都看到了这句话，同时也记住了这句话，伤员们为了不让这句话落空而坚强地活着，众多医护人员也给予伤员最精心的照顾，大家对战胜死神充满了信心。多克的那句话给大家带来了信心，带来了战胜痛苦的力量。最后，伤员们都康复出院，重返战场。

第二次世界大战结束后，多克成为一名邮差，他坚信自己除了给人们带去邮件之外，还能给人们传递快乐。因此，在送邮件的路上，他总是带着许多纸条，上面写着鼓励的话语，如“别烦恼，今天是个不错的日子”“笑口常开”等。在他所到每一个的地方，他都给人们带去了快乐。

与他人分享自己的快乐需要有两个前提，一是自己是快乐的，二是自己乐意分享。因此，我们首先要学会分享。分享的道理其实很简单——假如你有两个苹果，你留下一个，把另外一个给别人吃，当你给别人的时候，你并不知道别人能给你什么，但是你一定要给，因为当他吃了你的苹果之后，他有可能会给你橘子或橙子，你得到的水果总量将不断增加。只要你确立了这样一种“交换能力”，你在这个世界上将会不断地得到别人的帮助。因此，当我们有了好吃的、好玩的东西时，不要忽略了身边的人，学会分享，我们会从中获得更多快乐。

培根说：“如果你把快乐告诉一个朋友，你将得到两份快乐。”你将快乐与他人分享，这本身就是一件很快乐的事情。当我们心中只有自己的时候，我们已经忘记了分享。但是，当快乐来临的时候，假如只有自己一个人体会到了，那只会让你觉得孤单。同样，如果身边的朋友有了快乐，他也会对你关闭“分享之门”，我们到最后就只剩下孤单。所以，在生活中，我们都不要以自我为中心，有了快乐要乐于与大家分享，因为与他人分享快乐本身就是一件快乐的事情。

分享，传播你的快乐

面对他人有意或无意造成的错误，如果我们总是愤怒或生气地指责对方，会使对方有种受伤的感觉，在他心里，第一感觉不是认识到自己的错误，而是感觉自尊受到了伤害。这样一来，他不但难以意识到自己错了，反而会生出对你的仇恨。而原谅则不一样，原谅能使一个人清楚地看到自己的错误，同时，他会心存感激。所以，面对他人的错误，原谅比挑剔、指责更有用。

有一次，发明大王爱迪生和他的助手辛辛苦苦工作了一天一夜，终于做出了一个电灯泡。他们非常珍惜这个成果，于是叫来一名年轻的学徒，让他把这个灯泡拿到楼上的实验室好好保存。这名学徒知道这是个重要的东西，心里非常紧张，结果在上楼的时候，不住地哆嗦，一下子摔倒了，把电灯泡摔得粉碎。爱迪生非常惋惜，但没有责备这名学徒。过了几天，爱迪生和他的助手又用了一天一夜制作了一个电灯泡，做完后，爱迪生想也没想，仍然叫来那名学徒，让他送到楼上。这一次，什么事也没有发生，这名学徒安安稳稳地把灯泡拿到了楼上。事后，爱迪生的助手埋怨他说："原谅他就够了，你何必再把灯泡交给他呢，万一又摔在地上怎么办？"爱迪生回答："原谅不是光靠嘴巴说说的，而是要靠做的。"

在生活中，许多人习惯于责骂他人的错误，特别是当他人的错误对自己的生活产生不利影响的时候，我们的情绪有可能会一下子失控。这时，怨恨占据了我们的心灵，那些指责与辱骂就会随之而来。但是，如果我们仔细一想，就会发现指责与挑剔对于我们来说一点好处也没有，它只会让我们的情绪变得更加恶劣，而他人在指责与挑剔之下也会心生不满。所以，在任何时候，原谅他人都是一个明智的选择，而且，正如爱迪生所说："原谅不是光靠嘴巴说的，而是要靠做的。"我们必须以实际行动来让对方感受到，他们已经被谅解了。

原谅了别人，我们才是真正的强者。佛说："当你战胜了嗔恨的心魔后，生命因此更自主、自在与自由。"真正的强者不会指责别人、挑剔别人，而会战胜自己、体谅别人，也唯有如此，我们才能对他人的错误待以微笑。甘地曾要求自己不要怨恨任何人，他说："我知道这很难做到，所以用最谦恭的态度，尽量达成这项自我的要求。"

第4章

人生苦短，让一切自在淡然

有一个人双手持物，打算献给如来佛祖，佛说："放下。"他便将左手之物放下。佛又说："放下。"他只好又将右手之物放下。可佛还是说："放下。"两手空空的他大惑不解。佛终于微笑着说："放下你的执念。"

随心点，让一切顺其自然

每一个人都知道，人无完人，但对于生活，人们往往不能以同样的心态面对，他们总是希望可以过得更好，总是认为自己可以获得更多，总是苛求生活。而很多不快乐的人，他们痛苦的来源就是“把自己摆错了位置”，总要按照一个不切实际的计划生活，总要跟自己过不去，总觉得生不逢时，机遇未到，所以整天闷闷不乐。而快乐的人明智地摆正了自己的位置，工作得心应手，生活有滋有味。因为他们懂得生活的艺术，知道适时进退，取舍得当。快乐就是把握今天，而不是等待将来。事实上，我们每天都可以做自己喜欢的事情，学会不在乎表面上的虚荣，凡事淡然，不苛求，那么，快乐、幸福就会常伴我们左右。

唐代有一位丰干禅师，住在天台山国清寺。一天，他在松林漫步，山道旁忽然传来小孩啼哭的声音，他循声望去，原来是一个稚龄的小孩，虽衣服不整，却相貌奇伟。丰干禅师问了附近村庄人家，没有人知道这是谁家的孩子。丰干禅师不得已，只好把这小孩带回国清寺，等待人家来认领。因为他是丰干禅师捡回来的，所以大家都叫他“拾得”。

拾得在国清寺安住下来，渐渐长大以后，上座就让他做添饭的工作。时间久了，拾得也交了不少道友，其中有一个名叫寒山的贫子，两人相交最为莫逆。因为寒山贫困，拾得就将斋堂里吃剩的饭用一个竹筒装起来，给寒山背去。

有一天，寒山问拾得：“如果世间有人无端地诽谤我、欺负我、侮辱我、耻笑我、轻视我、鄙贱我、厌恶我、欺骗我，我要怎么做才好呢？”

拾得回答道：“你不妨忍着他、谦让他、任由他、避开他、耐烦他、尊敬他、不要理会他。再过几年，你且看他。”

寒山再问道：“除此之外，还有什么处世秘诀，可以躲避别人恶意的纠缠呢？”

拾得回答道：“弥勒菩萨偈语说——

老拙穿破袄，淡饭腹中饱，补破好遮寒，万事随缘了；

有人骂老拙，老拙只说好，有人打老拙，老拙自睡倒；

有人唾老拙，随他自干了，我也省力气，他也无烦恼；

这样波罗蜜，便是妙中宝，若知这消息，何愁道不了？

人弱心不弱，人贫道不贫，一心要修行，常在道中行。

如果能够体会偈中的精神，那就是无上的处世秘诀。”

有人说寒山、拾得乃文殊、普贤两位大士化身。寒山、拾得二人不为世事缠缚，洒脱自在，其处世秘诀确实高人一等。

俗话说："命里有时终须有，命里无时莫强求。"生活对于每个人来说，蕴藏着无限的哲理与深意，要做到不为世事缠缚，洒脱自在，就不要对生活过分苛求。

我们都知道，世间万物、花花草草都有其一定的生长规律，人若也能顺应自己的能力和体力，不在自己力所不能及的事情上强出头，就能营造自己理想中的生活，做理想中的自我。而事实上，生活中有太多的完美主义者，他们放不下执拗的、对生活苛求的态度，他们对事物一味理想化的要求导致了内心的不满与紧张，因此，常常不能平和心态，追求完美的同时却失去了很多美好的东西。

其实，事物总是循着自身的规律发展，即便不够理想，它也不会因为人的主观意志而发生改变。不完美的生活才是真实的，花开虽艳但迟早要败，燕舞虽美却秋来南飞。完美的生活只会让生命失去意义，失去真实，失去意气风发的自我。所以，我们不能苛求自己的一切完美，要容许生活存在缺陷，容许自己犯错，不要总是为无可挽回的过去忏悔，我们只有接受自己的不完美，才能在自我的不断完善中去追求完美。

乐天知命，就无所畏惧

《周易·系辞上》说："乐天知命，故不忧。"若你怀着乐观、积极的心态，秉承着"知己为天所命，非虚生也"的信念，用豁达的心胸来面对人生中的每一次际遇，你就会发现人生并没有那么可怕，没有什么过不去的坎，也没有什么放不下的事。在人生的旅途中，做好自己，认真对待每一天，即使错了也不要去追悔。我们每个人都普普通通，并不是圣人，无论你愿不愿意，时光都会悄悄地带走一切，而你始终要前行。即使身心疲惫，即使步履匆匆，也要乐观地向前看，虽然并不知道前面是不是自己的理想之地，但你可以对自己说"无怨无悔"。人生路上，不要有太多的患得患失，以一份平和的心情来迎接人生中的每一次挑战，让生命焕发绚丽的光彩。

大学毕业后，他放弃了父母托关系为他找的"铁饭碗"工作，只身带着单薄的行李南下，来到了繁华的沿海地区。刚开始的时候，因为要求太高，他处处碰壁，找不到工作，生活费也所剩无几了。后来，他放低了自己的要求，委身在一家IT企业做一个普通的文员，每个月拿着微薄的薪水，勉强能够养活自己。朋友打电话为他惋惜："这么优秀的人才，甘愿做一个文员，这简直是大材小用。"他笑了，没有任何的抱怨。

每天做很简单、枯燥的工作，他也能从中找到快乐，而且他好学，遇到什么不懂的问题都会向同事请教。时间长了，老板欣赏他的踏实与认真，晋升他为秘书。之后，不断地升职，他在企业有了响当当的名号。这时候，他毅然放弃了高薪职位，拿着多年的积蓄，开了一家小公司。同事都觉得他很愚笨，只有老板对着他远去的背影竖起了大拇指。小公司在他的努力经营下，一天天成长，他成了远近闻名的大老板。每次回家探亲，亲戚都忍不住对他大加称赞，他只是笑着说："我只是做小本生意，没有你们想象的那么优秀。"

那一年，金融海啸，他的公司也没能幸免。得知消息的时候，他还在家里，父母担心地看着他。他很安静，反而安慰父母："没事，当年我也是一无所有，东山再起不过是时间的问题而已。"他赶到了公司，把剩下的资金散发给员工，解散了公司，幸好他经营有方，即便出现了这样的灾难，公司也居然不用举借外债。他带着行囊回到了父母身边，和父母一起开了家小饭馆，偶尔打打小牌，种点花草，养点小动物，日子很惬意，一点儿都看不出他对风光不再的苦恼。

面对人生中的每一次失败，他从不气馁；面对事业上的成功，他也没有狂傲。自始至终，他都保持着平常心，生活的大起大落在他身上没有留下一丝痕迹，带给他的只是那份更加从容的心态。他真真正正地做到了乐天知命。

人生道路上有鲜花、有掌声，有多少人能等闲视之；人生路上也有坎坷泥泞、有满地荆棘，又有多少人能以平常心视之？我们要学会坦然相对生活中的一切。拿得起、放得下，既来之、则安之，这是一种超脱的心境。“荣辱不惊，闲看庭前花开花落；去留无意，漫随天外云卷云舒。”荣辱不惊，乐天知命，是一份安详自在。佛曰：“一花一世界，一草一天堂，一叶一如来，一砂一极乐，一方一净土，一笑一尘缘，一念一清静。”这一切都源于心境，一花一草便可以是整个世界，俗世中的人们，难得那份洒脱，难得那份豁达，更加难得的是那份心境！

内心淡然，用心生活

当今世人没有谁能回避得了“名利”二字！也许人们觉得，只有获得了名利，才会获得快乐。但果真如此吗？答案是否定的。人对名利的追求，如果超越了限度，超出了理智，常常会迷失自我，甚至葬送生命，哪来的幸福可言？

清乾隆时期的贪官和珅，一生疯狂追求名利。他贪婪无度，官居宰相后丧心病狂地掠夺金钱。据史书记载，他拥有土地80万亩、房屋2790间、当铺75座、银号42座、古玩铺13座、玉器库2间，另有其他店铺几十种。仅从和珅家抄没的财产，就值白银9亿两。最终，和珅被赐自尽，落得个一命呜呼的下场。

再谈战国时期的吴起，他是一代名将，是一流的谋略家，更是典型的名利狂。为了求名，他不择手段。为了赢得鲁国国君的信任，他竟然亲手杀了当初带着大量金银珠宝与他私奔的爱妻，就是因为妻子是鲁的敌国——齐国的女子。后来，他终于名扬四海，然而每当名成利就，便又遭小人暗算，跌下神坛，三起三落。因求名而能名垂青史，是吴起的成功之处；因盛名之下不避锋芒而丧失性命，又是他失败之处。

在通往名利的道路上，和珅和吴起都是反面的例子。淡泊名利并不是不要名利，宁静处世也并不是自弃于世，它的本意无非是叫人们把名利看得淡一些，千万不要贪得无厌、患得患失；是让人们安守本分，不要浮躁难耐、寝食难安。

的确，名利是一把“双刃剑”，掌握不好就会利令智昏，损人亦损己。有了名利应当加倍珍惜，如果过分看重它，往往就会为其所累，以致身疲力竭、得不偿失。毕竟人活着不是为了名利，而是为了人生的幸福和快乐。什么是幸福呢？幸福说到底就是一种感觉。也就是说，幸福就是自己觉得幸福。但是，我们往往并非为了自己的感觉和需要，而是为了别人的观瞻和评判，去规划自己的人生，争取自己本不需要的东西，并且一辈子为其所累。有的人一生奔波劳碌、悲悲喜喜，功名利禄到手了，却丢了亲情、丢了健康，幡然悔悟时已垂垂老矣。

轻看名利淡如水。人生于世，若能学水的清澈本性和“利万物而不争”的品格，则不仅精神居于高处，人生也将进入开阔处。要达到如此境界，最需摆脱名缰利锁的束缚。雁过留声，人过留名，想留个好名声，无可厚非，但不能为名所累。若淡泊名利，不为名利而争，人生必甚畅意。须知，“家有黄金万两，每日不过三顿；纵有大厦千座，每晚只占一间”。在名利面前，英雄岳飞仰天长叹“三十功名尘与土”，把功名视为尘土；唐代大诗人杜牧歌曰：“莫言名与利，名利是身仇”，都可谓淡然洒脱。

宠辱不惊，淡定从容

生活中，有的人晋升了职位就欣喜若狂，但若是在竞争中败下阵来，则捶胸顿足，好像失去了一切。对于生活中的荣辱、金钱、地位，要说自己真的不在乎，那是不可能的，毕竟，人生在世，你所追求的不过就是这些，但是，很多时候，若是你太在乎，你将会把自己置于痛苦之境。即使在乎，你也要懂得淡定，荣辱成败，花开花落，都只是一种人生境遇，你又何苦自寻烦恼呢？淡定是一种生活的态度，更是一种阳光的心境，它会帮你拨开头顶的乌云。繁华落尽不过是一纸苍凉，灯红酒绿之后不过是漆黑的夜晚。所以，怀着一颗淡定从容的心来面对生活中的得与失、失败与成功。

那一年金融海啸，他辛辛苦苦，花了20年经营的公司倒下了。整整一个晚上，他没有睡觉，只是一根烟一根烟地抽，他想起了很多事情：儿时告别家乡独自一人上路的情景，自己寄人篱下的辛酸，自己获得人生第一桶金时的喜悦，自己创办公司那天的灿烂阳光……

苦想了那么多，他百思不得其解，为什么那么辛苦创办的公司会在一夜之间化为乌有？早晨，第一缕阳光照进屋里的时候，他想起了老母亲，想起了母亲经常对自己说的一句话："阿强，命里有时终须有，命里无时莫强求，对自己，不要太苛刻了。"一瞬间，他想明白了，既然失去了那就失去吧，任何的抱怨、痛苦都无济于事。

那天早上，他遣散了公司员工，大家都担心地看着他，他很平静，反而安慰下属说："没事，当年我也是一无所有，其实，我不是不在乎公司的失去，但是我知道，我做任何事情也挽回不了，不妨淡定一些，这样，我的心里也会好过一些。"

淡定是一种阳光的心态，即使面对致命的诱惑，拥有淡定心态的人也能保持平和、不急不躁、不卑不亢的心态，浅尝生命的酒酿，忘记心中的烦恼。淡定从容，不以物喜，不以己悲，心境就永远不会因人生境遇而大起大落。淡定的人对于人生中的幸福安乐、荣华富贵，能够看得淡、看得透，不会痴迷其中。那些人生境遇不过是过眼云烟。纵然岁月无情地流逝，即使青丝已经变成了白发，从容淡定的人也总能寻找出生活的乐趣，总是会发现生活中种种飘逸的美。

知己知彼，量力而行

当今社会是一个充满机遇和诱惑的时代，许多人将富贵险中求奉为真理。比如，在投资市场，很多人正是充满激情，正是敢于冒险，从而最终把握了机会，获得了巨大成功。其实，神话和现实往往只在一念之间，纵观那些辉煌成功者的经历，我们发现他们有一个共同的特质，那就是富于激情、敢于冒险，在与风险的搏击中获得了成功。有人说，没有冒险就没有成功，这句话虽然说得有些绝对，但冒险在某种程度上意味着成功的开始——但这并不意味着，追求成功只需要激情而不需要理智。一个真正成功的人，必然是二者兼备的。

克劳塞维茨说："只有通过智力的这样一种活动，即认识到冒险的必要而决心去冒险，才能产生果断。因此，在追求成功的过程中，我们有必要懂得放下的智慧，对于那些逞强之事，与其冒险不如及早放下。""螳臂当车"的故事，就说明了自不量力只会导致失败甚至是自取灭亡的道理。

春秋时，鲁国有个贤人名叫颜阖，被卫国灵公请去当太子蒯聩的老师。颜阖听说蒯聩是个有凶德的人，到卫国后，就先去拜访卫国贤者蘧伯玉，请教如何教好蒯聩。蘧伯玉回答说，您先来问情况是对的，有好处，但要想用您的才能教好太子是很难达到目的的。他进一步说道："汝不知夫螳蜋（同螂）乎？怒其臂以当车辙，不知其不胜任也，是其才之美者也。戒之，慎之！"意思是：螳螂张起双臂来阻挡前进的车轮子，它不知道自己是力不胜任的，而是确实认为自己的这种举动是好的，是有益的。颜阖啊！您的心是好的，但您的作为像螳臂当车一样，您要戒备啊，慎重呀！

"螳臂当车"这个成语出自《庄子·人间世》，用来比喻不自量力。我们做事情要考虑自己的能力所及，尽量做到量力而行，不要去做自己根本做不到的事情。

有一只乌鸦，经常看到鹰从悬崖上俯冲下来，叼走一只小羊羔。志存高远的乌鸦开始学习老鹰的姿态：展翅、俯冲、急转、腾空……终于练得差不多了。

有一天，它看准一只小羊羔，就呼啦啦地从山崖上俯冲下来，猛扑到小羊身上，狠命地想叼起小羊来，爪子却被羊毛缠住了。

牧羊人随手抓住它，大笑："就你这个样子，也想充老鹰。"

这个故事再次向我们证明了做事要量力而行的道理。果断行动之前，还必须理智地思考，正确判断自己的能力。

做什么事情都要根据自己的能力而定，不要做自己力不能及的事，否则只能头破血流，或者误入歧途。我们在做事情的时候，要时时刻刻掂量自己，不要过高估计自己的德行和自己的力量，不可过于轻视对方，一定要量力而行，既要知己，也要知彼，只有这样，方能有更多胜算。

第5章

放低自己，汲取一切充实自我

IBM总裁曾送给儿子一句话：“心灵像上帝，行动如乞丐。”意思是，心灵要永远有高傲之情，但行动则要像乞丐一样，去乞讨、把握一切有助于我们人生幸福与成功的机会。百川之所以汇集大海，因为大海善处于下游地位，所以能成为百川之王。这个社会真正成功的人士往往是那些懂得谦虚待人的，因为他们真正地理解世事的艰难，懂得行为处事的重要。

心若坚强，你就拥有了打不倒的力量

成功的回忆可以帮助我们建立成功的自我想象，可以使自己获得自信。当你对自己的能力表示怀疑，为自卑感所困扰的时候，不妨从过去的成功经历中吸取养分，来滋润自己的信心。不要沉溺于对失败经历的回忆，要将失败的意象从自己脑海中赶出去。生活中，许多人的自信之所以欠缺，有诸多因素，可能是在失败的经历中被磨灭，可能是被内心存在的自卑感击垮，那么，如何才能让自己变得自信起来呢？强化自己的装备？披着一副铠甲仅仅是外在装备的强化，会让我们的内心充满信心吗？当然不会，因为，你的心才是一切的发动机。当我们变得胆小、自卑时，唯一需要改变的就是我们的心，只有从内心做起，我们才会成为真正自信的人。

一只兔子跑到仙鹤面前，说道："亲爱的仙鹤，你是治牙病的专家，请你给我安一副假牙吧！"

"可是，你的牙是好好的呀！"

"好倒是好，就是太小了，你给我安上像狮子那样的尖牙！"

“你要狮子牙干什么？”

“我要和狐狸较量较量，我不愿意总是一见它就得逃跑，让它一见我就逃才好呢！”

仙鹤笑了笑，给兔子安上了两颗假牙，两颗像狮子那样的尖牙，简直像真的一样，看起来好吓人。

“啊，好极了！”兔子照照镜子，高兴地叫道，“我现在就去找狐狸。”

兔子在树林里跑来跑去，四处寻找狐狸。这时，狐狸从树丛后面出来了，朝着兔子迎面走来。兔子一看见狐狸，立即撒腿就跑。它跑到仙鹤那里，吓得直哆嗦。

“亲爱的仙鹤，给我把假牙换了吧！”

“这副牙怎么不好了？”

“不是不好，是太小了，还对付不了狐狸，你有没有更大的牙？”

“有也没用，”仙鹤说，“小兔子，应该给你换换心才好，必须把你的兔子心摘出来，换上狮子心才行啊！”

这个故事告诉我们：你的心，才是一切的发动机。假如你企图用整修外表来掩饰内心的空虚和不自信，那都是徒劳的，因为心病还得心药医。信心是获得成功不可缺少的前提，信心会引导我们走向成功。有信心的人，他们遇事不畏缩、不恐惧，即使有隐隐不安，他们也能勇敢地超越自我。有信心的人，他们浑身上下充满了活力，能解决任何问题，凡事全力以赴，最终他们会成为最伟大的胜利者。

韦尔奇这样解释他的成功："我们所经历的一切都会成为我们信心建立的基石。当你被选为一支球队的队长时，当你在球场中选队员时，你就掌握了这支队伍，然后事情就这么发生了。渐渐地，你会习惯这些经验，人们也会信任你，给予你善意的回应。"其实，在生活中，任何事情本身并不能影响我们，我们只是受自身对事物的看法的影响。在任何时候，我们都不能将自己看成一个失败者，而应尽量把自己当成一个胜利者。每个人的内心都有一个沉睡的巨人，那就是信心。

世界酒店大王希尔顿用200美元创业起家，有人问他成功的秘诀，他说："信心。"而美国前总统里根在接受SUCCESS杂志采访时说："创业者若抱着无比的信心，就可以缔造一个美好的未来。"自信是成功的助燃剂，自信多一分，成功就可以多十分。爱迪生曾经试用几千种不同的材料做灯丝，但是都失败了，有人批评他："你已经失败了几千次了。"可是，爱迪生不这么认为，他充满自信地说："我的成功就在于发现了1600种材料不适合做灯丝。"正是怀着内心的这份自信，爱迪生最后获得了成功。那些成功者的经历，其实就是心理学中的"自信心效应"的完美诠释，只要不放弃，那就没有什么不可能。

凡事达观，不纠结于眼前得失

人生在世，谁都希望自己有个光明的前途，希望自己有所作为，但事实上，并不是所有人都能春风得意。此时，可能你会悲叹人生，可能你会否定自己，可能你会认为自己是天底下最不幸的人。对此，李白的诗句说得好："天生我材必有用，千金散尽还复来。"通常来讲，越是有所追求、越是想成就事业的人，可能遇到的烦恼和痛苦就会越多。凡事达观一点，看开一点，相信自己，终会心想事成。

包维尔自小就十分喜欢摄影，大学毕业后，他对摄影到了痴迷的程度，无心去挣钱工作。从此包维尔过着简单的生活，从不理会自己的生活是富有还是贫穷，只要能够摄影就够了。他穿着破裤子，吃着最简单的汉堡包，在别人眼里，他是困苦贫穷的象征，而包维尔自己却过得异常快乐。

在他27岁时，他的人物摄影技术开始登峰造极，成为了世界公认的人物摄影大师，并为英国首相拍摄人物照，从此一发而不可收。至今他已为全世界100多位总统、首相拍过人物摄影。请他摄影的世界名流更是数不胜数，排队等候一两年是常事。包维尔成了一个真正的世界顶尖级摄影大师。

从包维尔的故事中，我们得知，在人生目标的实现过程中，我们只有内心平静、努力充实自己，等待时机、不骄不躁，日子才会过得悠然自得、从容不迫，不去盲目羡慕别人，我们才会找到自己的生活，完成自己的事业。

我们发现，生活中，那些处世达观的人，他们总是热爱生活、勇于奋斗，生活中的小烦恼对于他们而言根本不足挂齿，他们对未来充满了希望。而那些处世悲观的人，总感叹自己命运不济，于是，他们的生活过得空虚，月亮会使他们感到孤独，雪花会使他们感到寂寞，就是盛开的鲜花摆在他面前，他们也会感到花朵正在凋谢。人非草木，遇到不愉快的事情自然不会无所谓，然而现实不会因你的烦恼而改变，生活不会因你的痛苦而停顿。人生的路，需要你勇敢地面对、冷静地思考、明智地选择。

在人生旅途中，很多人为前途而烦恼，但如若遇到失败就气馁，自我放弃，甚至自寻短见，走上自毁之途，试问，又如何完成这漫长的人生旅程呢？再者，为了一时的失败而白白断送自己一生的前途，这又是否值得呢？古语有云：谋事在人，成事在天。这句话的意思是：很多时候，尽管人们尽了最大的努力去做一件事，但结果往往未必理想，此乃天命是也。当然，这并不是告诉人们要消极悲观地等待命运的宣判，而是要让我们明白，凡事达观，不可太过纠结。

你需要征服的，只有内心的怯弱

比尔·盖茨说：“所谓机会，就是去尝试新的、没做过的事。可惜在微软神话下，许多人要做的，仅仅是去重复微软的一切。这些不敢创新、不敢冒险的人，要不了多久就会丧失竞争力，又哪来成功的机会呢？”微软只会青睐那些敢于冒险、相信自己判断的人，因为只有勇于挑战自我，才能塑造充满勇气的自信人生！在人生的道路上，我们会遇到各种各样的对手，假如我们想要征服别人，那首先要征服自己。

一个男人在街上推着婴儿车，小家伙在车里哭闹不止。男人低声说道：“约翰，千万别着急，千万别生气，会好的，就会好的。”

一个女人看到了很是感动，上前说道：“先生，你真伟大，能这么温柔地跟孩子说话，男人很少有像您这么又体贴又有爱心的。”

然后她俯下身，对孩子说：“约翰宝宝，别哭了，你爸爸多爱你呀！”男人说：“对不起，我想您误会了，其实我才是约翰。”

人生中，你才是自己最需要征服的对象。假如你想让事情发生改变，首先要使自己发生改变。如果你想征服别人，那首先要征服心中的自己。当你内心变得畏惧、自卑的时候，更要懂得征服自己。

戴高乐将军曾说："眼睛所看到的地方，就是你会到达的地方。唯有伟大的人才能成就伟大的事，他们之所以伟大，就是因为他们决心要做出伟大的事。"凡是成功者，都具备一个特征，那就是对自己有信心，每一次的成功都会使他们很快地树立自信心，成功次数越多，他们的自信心就越强。成功的第一秘诀就是自信，如果自己都不相信自己，那么别人更不可能相信你。

对于胆小的人来说，他所需要征服的是内心的怯弱。成功大师拿破仑·希尔曾说："一个人一生中唯一的限制就是他内心的那个限制。"那么，如何突破内心的那个限制呢？勇气，当然是勇气，只有拥有勇气，才能战胜自我。当你鼓起勇气向前时，你就会发现许多门都是虚掩着的。当暴风雨来临时，勇敢的水手总是满怀着生存的希望，不断激励自己，不管风浪多么可怕，他们总能坚持下去，最终平安归来；而那些胆小的水手，早在暴风雨来临之前，就失去了生存的勇气，他们自然最终以失败告终。我们需要勇气，生活需要勇气，勇气是光明的使者，它能将人从黑暗的泥沼中拉出，帮助我们战胜困难，赢得最后的胜利。

尊重别人，传递快乐

有人说，要让自己快乐，最好的办法就是先让别人快乐。同样的道理，当我们想要赢得别人的喜欢，那就需要学会喜欢别人、尊重别人。弗洛姆说：“尊重生命、尊重他人也尊重自己的生命，是生命进程中的伴随物，也是心理健康的一个条件。”只有真正学会尊重他人、尊重身边的每一个人，我们才能得到他人的尊重，最终才能与他人建立融洽和谐的人际关系。尊重，如同一把火炬，在心灵与心灵之间传递着信任与爱；尊重，又如同一把金钥匙，能打开所有上锁的灵魂。

苏东坡与佛印禅师是很好的朋友，有一天，他和佛印禅师一起坐禅。苏东坡说：“大师，你看我坐在这里像什么？”

“看来像是一尊佛。”佛印说。

苏东坡讥笑着说：“但我看你倒像一堆大便！”

“因为自己是佛，看别人也会像佛；自己是大便，看别人也会像大便。”听了苏东坡的话，苏小妹说。

在日常生活中，别人就是自己的一面镜子。你看别人像什么，你自己就是什么。同样的道理，在交际过程中，当你真心喜欢别人的时候，别人才会真心喜欢你。人与人之间是相辅相成的，你对待别人的态度将换来对方对你的态度，所以，是好是坏，最后都将取决于你自己。

纽约一商人看到一个衣衫褴褛的铅笔推销员，出于内心的怜悯，商人塞给那人一元钱，但是，过了一会儿，商人意识到自己的行为伤害了对方的自尊。于是，商人返回来，从铅笔推销商那里取出几支铅笔，并解释道："不好意思，我忘记取笔了。"然后，他又说道："你跟我都是商人，你有东西就要卖给别人。"几个月过去了，商人再次遇到了那个铅笔推销员，这时，推销员已经成为推销商，他感谢纽约商人："你重新给了我自尊，告诉了我，我是个商人。"

我们应该记住：在日常交际中，尊重永远是社交的第一要素，在任何时候，面对任何人，我们都要学会尊重。席勒说："不知道他自己尊严的人，他就完全不能尊重别人的尊严。"自尊是每个人必须学会的第一个原则，从小，我们就应该学会"站着"，而不是"趴着"去仰望那些大人物，这样所建立的自信心与健全的人格会为我们的一生打下坚实的基础。一个人的心灵世界，是要靠自尊来支撑的，尊严可以带给人自信，也可以改变一个人的命运。

一个售货员的心情很好，于是，她给了顾客一个亲切的微笑，顾客的心情也变好了，回到家，给了儿子一个微笑，儿子的心情也变好了，回到学校给了所有的同学一个微笑，微笑就这样一直传递下去了。在生活中，人与人之间的关系就是这样，当我们把内心的善意通过语言传递给对方，那对方自然也会回报我们以温暖。

心态一变天地宽

心理学家马斯洛曾经说过这样一句话：“心若改变，你的态度跟着改变；态度改变，你的习惯跟着改变；习惯改变，你的性格跟着改变；性格改变，你的人生跟着改变。”人生的事情，往往没有十全十美，在追逐梦想的路途中，我们不要迷失了方向，而要坚持最初的本心。一个人想要平凡而不平庸是很难做到的，琐碎的烦恼，会把你拖累得丧失了生活的愉悦，最后你只能随波逐流地混日子。当你把生活仅仅当作活着来对待时，你做人的风格已大打折扣了。

有个老魔鬼看到人间的生活过得太幸福了，他说：“我们要去扰乱一下，要不然他们就当魔鬼不存在了。”

他先派了一个小魔鬼去扰乱一个农夫。因为他看到，那农夫每天辛勤地工作，所得却少得可怜，但他还是那么快乐，非常知足。

小魔鬼就开始想，要怎样才能把农夫变坏呢？他就把农夫的田地变得很硬，让农夫知难而退。那农夫耕了半天，做得好辛苦，但他只是休息一下，还是继续耕作，没有一点抱怨。小魔鬼看到计策失败，只好摸摸鼻子回去了。

老魔鬼又派了第二个小魔鬼去。第二个小魔鬼想，既然让他更加辛苦也没有用，那就拿走他所拥有的东西吧！那小魔鬼就把他午餐的面包和水偷走了。他想，农夫做得那么辛苦，又累又饿，却连面包和水都不见了，这下子他一定会暴跳如雷！

农夫又渴又饿地到树下休息，想不到面包和水都不见了！“不晓得是哪个可怜的人比我更需要那块面包和水，如果这些东西能让他得温饱的话，那就好了。”又失败了，第二个小魔鬼铩羽而归。

老魔鬼觉得奇怪，难道没有任何办法能使这农夫变坏？就在这时第三个小魔鬼出来了。他对老魔鬼讲：“我有办法，一定能把他变坏。”小魔鬼先去跟农夫做朋友，农夫很高兴地和他做了朋友。因为魔鬼有预知的能力，他就告诉农夫，明年会有干旱，教农夫把稻种在湿地上，农夫便照做。结果第二年别人没有收成，只有农夫的收成满坑满谷，他就因此而富裕起来了。

小魔鬼每年都对农夫说当年适合种什么，三年下来，这农夫就变得非常富有了。他又教农夫把米拿去酿酒贩卖，赚取更多的钱。慢慢地，农夫开始不工作了，靠着经济贩卖的方式，就能获得大量金钱。

有一天，老魔鬼来了，小魔鬼就告诉老魔鬼说：“您看！

我现在要展示我的成果了。这农夫现在已经有猪的血液了。”只见农夫办了个晚宴，所有富有的人都来参加，喝最好的酒，吃最精美的餐点，还有好多的仆人侍候。他们恣意浪费，衣裳零乱，醉得不省人事，开始变得像猪一样痴肥愚蠢。

“您还会看到他身上有着狼的血液。”小魔鬼又说。这时，一个仆人端着葡萄酒出来，不小心跌了一跤。农夫就开始骂他：“你做事这么不小心！”“哎！主人，我们到现在都没有吃饭，饿得浑身无力。”“事情没有做完，你们怎么可以吃饭！”

老魔鬼见了，高兴地对小魔鬼说：“哎！你太了不起！你是怎么做到的？”小魔鬼说：“我只不过是让他拥有比他需要的更多的东西而已，这样就可以引发他人性中的贪婪。”

这个故事告诉我们：我们在努力追求梦想的同时，千万不要忘了最初的本心。假如你最初的心改变了，那你的态度就会随之改变；态度改变了，你的习惯就会跟着改变；习惯改变了，那你的性格就会跟着改变；性格改变了，你的人生就会跟着改变。

每个人诞生梦想之初，是为了寻找心灵的快乐，这就是我们追求梦想的最初的本心。不过，当有一天我们在追逐梦想的过程中收获了太多关于名和利的东西，甚至心灵也被这些东西缠绕，深陷其中，不得自拔时，我们最初的本心已经改变了，因为名和利将我们内心深处的贪婪、自私唤醒了，我们最终只会为了名利去牺牲更多的东西，诸如爱、坚韧、勇气……如此，随着心的改变，态度以及性格的改变，我们的人生将不会是追逐梦想的美丽人生，只会成为沾满名利的肮脏之旅。

第6章

人无完人，不必苛求自己

在生活中，我们大都不是完美的人，不过我们要接受不完美的自己。在孤独的时候，给自己安慰；在寂寞的时候，给自己温暖。生活不是只有温暖，人生的路不会永远平坦，不过，只要我们对自己有信心，懂得珍惜自己，世上的一切不完美，我们都可以坦然面对。

历经磨炼，成为耀眼的金子

如果你是一颗金子，不管在哪里都会发光。所谓“真金不怕火炼”，在经历了许多的磨炼之后，金子会褪下朴素的外表，呈现出金光闪闪的一面。在生活中，每个人都有自己特定的优点和缺点，天生我材必有用，只要找准自己的位置，长久地坚持下去，每个人都会发光。生活中，许多人总是郁郁不得志，这并不是因为他们不够优秀，而是因为他们没有足够的耐心，在漫长的磨砺过程中，他们丧失了太多的信心，没能够坚持下去，结果在成功到来之前就选择放弃了。

许多年前，一位颇有身份的女性到南卡罗来纳州的一个学院给学生演讲。这个学院规模并不是很大，这位女性的到来，使得本来不大的礼堂挤满了兴高采烈的学生，学生们都为有机会聆听这位大人物的演讲而兴奋不已。

经过州长的简单介绍，演讲者走到麦克风前，眼光对着下面的学生们，左右扫视了一遍，然后开口说：“我的生母是聋子，我不知道自己的父亲是谁，也不知道他是否还活在人间，我这辈子所做的第一份工作是到棉花田里做事。”

台下的学生们都呆住了，那位看上去很慈善的女人继续说："如果情况不尽如人意，我们总可以想办法加以改变。一个人若想改变眼前不幸或无法尽如人意的情况，只需要回答这样一个简单的问题。"她以坚定的语气接着说，"那就是我希望情况变成什么样，然后全身心投入，朝理想目标前进即可。"说完，她的脸上绽放出美丽的笑容："我的名字叫阿济·泰勒·摩尔顿，今天我以美国财政部长的身份站在这里。"顿时，整个礼堂爆发出热烈的掌声。

阿济·泰勒·摩尔顿是一位女性，一位生母是聋子、不知道亲生父亲是谁的女性，一位没有任何依靠饱受生活磨难的女性，而恰恰是这位表面柔弱的女性，竟成了美国的财政部长。说到自己的成功，她只是轻描淡写地说："我希望情况变成什么样，然后就全身心投入，朝理想目标前进即可。"这句看似平淡的话语，透露出她作为一个女性的忍耐精神。我们甚至可以假设，如果没有坚韧执着的品质，阿济·泰勒·摩尔顿能与苦难的生活抗争吗？她能忍受那些逆境中的枯燥与痛苦吗？如果缺乏了坚韧的精神，她能完成自己的人生理想吗？是的，正是有了坚韧的品质，阿济·泰勒·摩尔顿才完成了自己的梦想。

如果你朝着一个方向不断地努力，总有一天，你会成功。就好像炼金一样，这个过程是异常痛苦而枯燥的，不过，只要你坚信自己是一颗金子，并且努力地坚持下去，那么，有一天，你一定会像金子一样闪闪发光。

奋斗下去，为了我们自己

在人生历程中，你希望成为一个什么样的人呢？国家元首、企业家、艺术家、演说家、经济学家，还是仅仅是一个善良的普通人？其实，这一切都将取决于我们自己。我们的命运由我们自己主宰，在实现自己的人生价值这条路上，没有人可以取代我们。

70年前，一个小女孩诞生在田纳西州。她有严重的生理缺陷，使她不能像一般人一样走路。虽然她有一个温馨的基督教大家庭，可是，当兄弟姊妹在外头享受奔跑和玩耍的乐趣时，她必须被支架所限制。

父母定期带她到医院接受物理治疗，但小女孩痊愈的希望仍很渺茫。“我能像其他小孩一样跑步和玩耍吗？”她问父母。

“亲爱的，你只要相信，”他们回答，“你若相信，神就能叫这事发生。”

她把父母的话放在心中，相信神能使她不必靠支架走路。

她常瞒着父母和医生，靠兄弟姊妹的帮助，练习解开支架走路。在12岁生日那天，她当着父母的面解下支架，不靠别人搀扶，自己在医生的办公室周围绕行。此举叫她的父母大感意外，医生简直不能相信她的进步，她从此不必戴着支架了。

她的下一个目标是打篮球。她继续鼓起信心和勇气，以她未曾发育的双腿去参加学校篮球队。教练挑了她的妹妹入队，却拒绝了这个勇敢的女孩。她的父亲，一位智慧和蔼的先生，告诉教练："我的女儿们是一对。你若要其中一个，另一个也要接受。"教练只好勉强让她加入。于是她得到一件旧队服，被允许跟其他队员一起练习。

一日她去找教练。"你若每天多给我10分钟训练，我就给你一个世界级的选手。"教练笑了，但他知道这小女孩是认真的。16岁那年，她成为全国最佳的年轻选手，被选派参加在澳洲举行的奥林匹克运动会，跑400米接力赛的最后一棒，并赢得了铜牌。她对这样的成就并不满意，于是再接再厉，4年后再次参加1960年的罗马奥运会。那一次，她赢得100米短跑、200米短跑冠军，又在400米接力赛中的最后一棒中夺标，为全队赢得胜利。当年她更锦上添花，被选为全美最佳业余运动员，获得了极高荣誉苏利文奖。她就是威玛·鲁道夫。

如果有人问她为什么会这样成功，她会回答：因为我一直在为自己奋斗。在这个世界上，没有什么比这个理由更适合成为理由了。在通往成功的路途中，有的人始终找不到前进的方向，其实并不是他们缺少能力，而是在于他们尚未明确自己到底是为了什么而奋斗。自己，当然是自己，难道这个世界还有比自己更重要的人值得为之去奋斗吗？我们所奋斗的是自己的人生，与别人一点关系也没有。

成功者告诉我们，每个人都会有一个为自己奋斗的理由。生活在这个世界，我们始终要坚定一种信仰，那就是终生为自己的理想而奋斗。为自己奋斗，我们才会竭尽全力地昂首向前，我们才不会有一丝的保留。

你不去试，怎么知道理想不能实现

美国著名作家杜鲁门·卡波特说：“梦是心灵的思想，是我们的秘密真情。”梦想对于每个人来说，有一种巨大的魔力，能够不断地召唤我们前进。无论自己的梦想多么模糊，不管自己的梦想多么不可思议，我们都要听从心中梦想的召唤，紧紧跟随着它，坚持不懈地走下去，如此，梦想就会变成现实。因此，如果我们想要成就自己的梦想，那就要努力向前，奋起一搏。

伊丽莎白并不是哈佛毕业生中最出色的一位，也并不具有非凡的才能，人们对她的敬佩，不是源于她年纪老迈，而是源于她勇敢尝试，始终坚持的毅力和决心。

这一天，身穿毕业生礼服、头戴黑色学士帽的伊丽莎白·麦克尼尔从哈佛校长手中接过毕业证书，在获得文科学士学位的同时，她还被颁发了一个表彰其学术成就和品德的奖项。

伊丽莎白早在1941年就高中毕业了，之后，她陆续生了4个孩子。后来，她成为哈佛大学健康服务部门的员工。哈佛的学术氛围令她对学习产生了很大的兴趣，于是，几年后，她开始尝试在哈佛“蹭课”。

但是，在这之后的很多年里，她并没有正式注册成为学生，因为她觉得自己没有能力完成哈佛的课程，一度放弃了拿到哈佛学历的念头。

渐渐地，同事和同学的鼓励让伊丽莎白再度产生了争取学位的念头，那时她已经73岁了。对于一个普通的73岁的老人来说，安享晚年是最好的选择。而伊丽莎白却不甘心就此放弃自己的理想。她再次鼓起勇气，走入了哈佛的课堂。她给自己制订了“10年目标”，并经常向孩子们许诺，要在83岁之前从哈佛毕业。

满脸皱纹的伊丽莎白在哈佛工作了25年，学习了20年，攻读了9年学位后，最终赶在自己的孙女之前获得了本科学历。

人生就是如此，只要你迈步，路就会在脚下延伸；只有启程，我们才会向心中的梦想靠近。无论你的梦想和目标是什么，最主要的是立即开始行动，朝着梦想的方向拼搏，努力向前，这样才能看到成功的希望。这一点被许多人所忽略，而这些人的结果都是以失败告终。

成功者告诉我们，实现梦想的最佳途径就是奋勇一搏。在梦想实现的过程中，我们并不缺少能力，也不缺少那份运气，关键在于我们是否勇敢地拼搏，是否有决心去实现它。在距离梦想很远的地方，我们不应该停下来，也不应该选择放弃，而应坚定自己的梦想，哪怕试一试也好，这样即便不能成功，我们总算是努力过。

你应该设计自己的人生

只有不把命运交给别人，你才能掌握自己的命运。生活中，或许我们会把身边那些优秀的人当作自己的偶像，在赞赏的同时，却在一旁自怨自艾，好像自己再怎么努力也成不了这样的人。然而，真的是这样吗？我们的偶像只能是别人吗？当然不是。当我们经过不懈的努力之后，我们也可以成为自己的偶像。在人生的旅途上，引导我们继续向前的，不是别人，而是自己。

伊尔·丰拉格是美国历史上第一位获得新闻界最高奖——普利策奖的黑人记者，是美国黑人的骄傲。

但是，丰拉格小时候曾经非常厌恶自己的出身。他小时候因为自己的肤色而自卑孤僻，甚至绝望地认为自己将来不会有任何出息。父亲带儿子去荷兰参观了凡·高的故居。在看过那张小床及裂了口的皮鞋之后，儿子困惑地问父亲："凡·高不是位百万富翁吗？"父亲答道："凡·高是位连妻子都没娶上的穷人。"

听了父亲的话，儿子若有所思。父亲用厚实有力的大手抚摸着儿子的头说："孩子，你看，上帝并没有看轻卑微，伟人原来也不过是一介草民。"父亲的话改变了丰拉格，他不但对自己的未来充满了自信，而且对大千世界产生了浓厚的兴趣。他立志要成为一名记者，走遍全世界。

从此，丰拉格开始为理想不懈地奋斗。大学毕业后，他如愿以偿地成为一名新闻记者。但是风无常顺、兵无常胜，他很快遭到了白人的排挤。有一次，一个白人记者公然将丰拉格辛苦了一个多月的采访稿件据为己有。丰拉格当时很气愤，找到主编，希望能讨个公道。事与愿违，主编竟然偏袒那个白人，根本不相信他的申辩。

这件事使丰拉格再次看清社会的现实和人生的坎坷，但他仍然坚信自己的未来。他不辞辛苦，深入各种险境，获取第一手新闻资料。最终，他凭借独特的新闻视角和理念获得了美国新闻界最高奖——普利策奖，开创了黑人获此奖项的先河。

在颁奖仪式上，丰拉格激动地说：“感谢上帝！上帝并没有看轻卑微，而是将高贵的灵魂赋予每个人的肉体，无论是出身高贵的肉体，还是出身卑微的肉体。感谢父亲！是他给了我自信和新生。我的经历使我确信，凭借坚定的信念和艰苦的努力，黑人可以做成任何事情。每个人都是自己命运的设计师。”

在这个世界上，可以成为我们偶像的人很多，但哪一个才是我们最值得期待的呢？如果我们为自己的理想种下一粒种子，然后每天浇水施肥，坚持不懈，我们就真的朝着那个方向前进了。同时，我们也会成为当初自己羡慕敬佩的那个人，这时自己岂不是成了自己的偶像？

成功者告诉我们，应努力让自己成为自己的偶像。每个人都是挑剔的，我们总是在挑剔别人，而把那些完美无缺的人当成自己的偶像。假如我们要使自己成为自己的偶像，那就必须努力克服自己的缺点，做到尽善尽美，然后朝着成功的方向不断前进，这样我们才能够成为让自己钦佩的人。

要改变世界，先要改变你自己

乔布斯曾说："活着，就是为了改变世界。"我们所生活的世界是多姿多彩、每时每刻都在变化着的。在远古时代，原始人类发明的甲骨文，标志着人类进入了文明时代；东汉时期，蔡伦对造纸术的改进推动了世界文明的进程；20世纪80年代，互联网的使用，使得世界范围内的信息得以传播。确实，也许，就在下一刻，世界或许会因为你我而发生翻天覆地的变化。毋庸置疑，当我们怀着一颗富有创新精神与坚持不懈的心去发现身边的新事物时，世界将会因为我们而发生变化。

2011年10月5日，苹果公司创始人史蒂夫·乔布斯在家人的陪同下走完了传奇的一生。童年时，他发誓要做一个"颠覆宇宙"的人。后来，他真的做到了，用他的话说："活着，就是为了改变世界。"

1976年，乔布斯与史蒂夫共同创办了苹果公司，创造了世界上首台个人电脑"苹果Ⅰ"，引领了个人电脑的革命。而他在1977年发布的"苹果Ⅱ"电脑成为影响最大的一款个人电脑。

1984年，苹果推出用鼠标在图形界面操作的新系统，再次颠覆了计算机行业。不仅如此，乔布斯还改变了生活娱乐方式。他不仅在科技行业取得了巨大的成就，在娱乐行业也取得了突破性的成绩。他将苹果发展成为全球最大的音乐零售商，2001年，苹果发布了第一代iPod，2003年发布了iTunes应用程序，用户可以在iTunes商店付费下载音乐到iPod上。这一措施改变了唱片业的生存状态，即便是歌曲被下载了，唱片商依然可以有部分利润收入。在引导人们使用互联网，以及消费音乐、电视剧、电影和图书的方式方面，乔布斯是一个关键人物。

在超过30年的职业生涯中，乔布斯改变了硅谷。他帮助硅谷这一气氛慵懒的“大农村”变为科技行业的创新中心。可以说，乔布斯奠定了当代科技行业的基础。乔布斯已经证明，产品的良好设计比技术本身更重要，他改变了笔记本电脑、消费电子和数字媒体行业。他通过出众的广告宣传和独特的零售商店来推广以及销售产品，而苹果则同时成为流行文化的偶像。

假如问什么是乔布斯最令人佩服的地方，那就是创新与不断开拓进取的精神。从平板电脑到液晶电脑，从iPod系列再到如今的iPhone系列，这当中的一切都是他不断实践与创新的结果。这一切改变了世界，使整个世界真正地走向了电子化，使世界上的信息实现全球化，方便了人与人之间的沟通与交流。

时代的车轮每时每刻都在向前滚动着，世界每一秒都在运动与变化中，只要你我拥有不断开拓进取与坚持不懈的精神，善于发现事物，那么世界便等着你我去改变。在人生的前进旅途中，我们要相信自己，即便自己是一个毫不起眼的小人物，也要坚信我们可以改变世界，哪怕是一点点的改变，我们也应该感到知足。

第 7 章

自信为人，自信是一种成功的态度

自信是一种态度，常使“不可能”消失于无形。强者不一定是胜利者，但胜利迟早都属于有信心的人。生活中，许多人之所以缺乏自信，有诸多因素，可能是信心在失败的经历中被磨灭，可能是内心存在着深深的自卑感，等等。然而，我们应该记住这样一句话：只有自己轻视自己，别人才会轻视你。

自信是一种宝石，让你熠熠生辉

索菲亚·罗兰刚刚步入演艺界时，曾面临制片商“善意”的建议：“如果你真的想干这一行，就得把鼻子和臀部‘动一动’。”非常自信的索菲亚拒绝了，她说：“我懂得我的外形和那些已经成名的女演员不一样，她们都相貌出众、五官端正，而我却不是这样，我的脸毛病很多，但这些毛病加在一起反而会使我更加有魅力。说实在的，我的脸确实与众不同，但是我为什么要和别人一样呢？”后来，她被誉为世界上最具自然美的人。因为，自信原本就是一种无与伦比的美丽。

有一次，在哈佛大学泰勒·本·沙哈尔教授的课堂上，有个学生向沙哈尔提问道：“请问老师，您是否认识您自己呢？”沙哈尔心想：是呀，我是否认识我自己呢？他回答说：“嗯，我回去后一定要好好观察、思考、了解自己的个性、自己的心灵。”

沙哈尔教授回到家里就拿来了一面镜子，仔细观察着自己的外貌、表情，然后分析自己。首先，沙哈尔看到了自己闪亮的秃顶，想：“嗯，不错，莎士比亚就有个闪亮的秃顶。”随后，他看到了自己的鹰钩鼻，心想：“嗯，大侦探福尔摩斯就有一个漂亮的鹰钩鼻，他可是世界级的聪明大师。”看到了自己的大长脸，他就想：“嗨！伟大的美国总统林肯就是一张大长脸。”看到了自己的小矮个子，他就想：“哈哈！拿破仑个子就很矮小，我也是同样矮小。”看到了自己的一双大脚，他心想：“呀，卓别林就是一双大脚！”

于是，第二天他这样告诉学生：“国内外的历史名人、伟人、聪明人的特点集于我一身，我是一个不同于一般的人，我将前途无量。”

泰勒·本·沙哈尔教授善于欣赏自己，这令他对自己充满了自信，虽然在别人看来他的长相并不出众，但是，经过一番积极的心理暗示，他发现原来自己身体的每个部分都与名人、伟人、智者扯上了关系，这样一来，自己肯定是一个前途无量的人。尼采曾这样说：“聪明的人只要能认识自己，便什么也不会失去。”只有学会欣赏自己，才能使自己充满自信，并从自信中获得快乐，使自己的人生不迷失方向。

有这样一句话：“人活着，或许有不少人值得欣赏，但你最应该欣赏的人是你自己。”波尔是丹麦的物理学家，他在年轻时就提出了量子论，然而，在一次科学讨论会上，权威们否定了波尔的理论，但这并没有使波尔失去信心，他反而更加努力地研究起来。为了寻找理论根据，他做了大量的试验。后来，科学家证明了波尔的观点，他因此荣获了诺贝尔奖。正所谓“天生我材必有用”，学会自我欣赏可以产生巨大的力量推动自己逐渐迈向成功，自信是成功的第一秘诀。

不必妄自菲薄，其实你就是最优秀的

美国学者詹姆斯根据自己的研究成果，得出了这样的结论：“普通人只开发了他蕴藏能力的十分之一，与应当取得的成就相比较，我们不过是在沉睡，我们只利用了我们身心资源的很小的一部分，甚至可以说一直在荒废。”每个人都拥有一座潜能的宝藏。其实，我们每个人都拥有自己的价值，在内心深处潜藏着巨大的力量，它一直在等待我们去挖掘。这种价值一旦被发现了，将给我们带来无穷的信心和能量。许多人不明白自己的价值所在，他们也不知道自己到底具有多大的潜能，所以，谁也不知道自己到底会有多么伟大。事实上，一个人的价值有时候是显现的，但在很多时候都是隐藏的，而在每个人的身体里，都蕴藏着巨大的能量，这就是我们的价值所在。只要我们勇于去寻找真实的自我，激发出自己无穷的能量，就能够彰显自身的价值，这会让我们人生的每一刻都过得精彩。

约翰在哈佛音乐系研修钢琴，他的指导教授是一位有名的音乐大师。第一天，教授就递给约翰一份乐谱，说："试试看吧！"由于乐谱的难度较高，约翰弹得错误百出，教授鼓励他说："还不成熟，回去好好练习！"约翰回家练习了一周，打算在第二次课上让教授验收自己的成绩，但是，没想到教授又递给自己一份难度更高的乐谱，对他说："试试看吧！"约翰挣扎着应付高难度的挑战，然而，在第三周，更难的乐谱出现了。这种情形不断持续着，约翰每次上课都会接到一份全新的、难度更高的乐谱，他怎么也赶不上进度，往往是上周的练习还没有驾轻就熟，而下一次挑战又来了。约翰感到十分沮丧，心中满是失望，甚至觉得自己根本不是学钢琴的料。

这天，他像往常一样进入了练琴室，却发现在钢琴上摆着一份全新的乐谱。"超高难度……"约翰翻着乐谱，喃喃自语，他觉得自己的心似乎跌到了谷底，自己练习钢琴已经3个多月了，每次上课，音乐教授都会拿出全新的乐谱，不断地提高难度。约翰勉强打起精神，开始练琴。不一会儿，教授走进了教室，约翰忍不住了，他必须向教授询问这3个月为什么要这么折磨自己。但是，教授并没有说话，而是拿出了最早的那份乐谱，交给约翰："你来弹这份乐谱吧！"不可思议的事情发生了，在约翰的十指下，一曲美妙而精湛的曲子缓缓流出，教授慢慢说道："如果我不这样训练你，可能你现在还是在练习最早的那份乐谱，也就不会有这样的成绩出现……"

人的潜能就像一座永远挖不尽的金矿。只要相信自己，你就可以通过开发潜能来获得所需要的一切东西，一旦唤醒潜在的巨大力量，我们的生活就会出现奇迹。只要能善加利用这份潜在的力量，我们就能够实现自己的梦想。面对困难，我们往往不知所措，其实，我们并不是输给了困难，而是输给了我们自己，有时候，我们会低估自己的能力。

你永远比你想象中更优秀。在现实生活中，也许我们会遭遇许多困难，导致一些问题没能得到解决。其实，问题本身没有太大的难度，而是我们把问题想得太复杂了，以至于我们不敢去面对它。如果是因为低估了自己的能力而失败了，那自然是令人扼腕的。所以，相信自己，努力挖掘自己的潜能，为人生点缀出不一样的精彩！

自信是一种动力，催促你跨越人生巅峰

爱默生曾说："相信自己能，便会攻无不克……不能每天超越一个恐惧，便从未学会生命的第一课。"如果有人说"水声可以卖钱"，你一定会说："这是不可能的事情。"但是，

在美国，有个人用立体声录下许多潺潺的水声，复制后贴上“大自然美妙乐章”的标签高价出售，大赚了一笔。在日常生活中，许多事情告诉我们一切都是有可能的，在我们的字典里从来没有“不可能”这三个字。在这个世界上，没有什么事情是不可能做到的，有许多事情，只要你有信心去做，你就能成功。当然，我们需要在思想上挣脱“不可能”这个束缚，从行动上向“不可能”挑战，这样我们才能将“不可能”变成“一切皆有可能”。在这个世界上，一切皆有可能，只要我们敢想，只要我们对自己充满信心，那些看似“不可能”的事情就会成为无限可能。

贝勒夫人是一位文学老师，她和蔼可亲，深受学生们的敬重。有一天，贝勒夫人给学生们带来了特别的一节课。开始上课了，贝勒夫人首先让学生们在纸上写出自己不能做到的事情。一个10岁的女孩子这样写道：“我无法完整地背出太长的课文”“我不会骑脚踏车”“我不知道怎样才能让别人喜欢我”……虽然已经写了半张纸，她却丝毫没有停下来的意思，仍认真地写着。贝勒夫人也忙着写自己不能做到的事情：“我不知道如何让孩子的家长都来”“我不知道怎样帮助玛丽提高她对数学的兴趣”，等等。过了10多分钟，许多学生都已经写满了一张纸，有的学生拿出了第二张纸，不过，贝勒夫人及时制止了这一行为：“同学们，写完一张就行了，不要再写了。”学生们按着贝勒夫人的指示，把那些写满“不可能做到的事情”的纸对折，然后按顺序来到讲台，把纸放进一个空的鞋盒里。

等所有的纸条都放进去以后，贝勒夫人把自己的纸也放了进去。然后，她将盒子盖上，夹在腋下领着学生走出了教室。路过杂物室的时候，贝勒夫人找了一把铁锹，领着学生来到了运动场，她挑选了一个最边远的角落，开始挖坑。10分钟后，坑挖好了，贝勒夫人吩咐学生们将那个鞋盒埋在“墓穴”里。贝勒夫人神情严肃地说：“孩子们，现在请你们手拉着手，低下头，我们准备默哀。朋友们，今天我很荣幸能够邀请到你们前来参加‘我不能先生’的‘葬礼’，‘我不能先生’在世的时候，曾经与我们的生命朝夕相处……您的名字几乎每天都要出现在各种场合，当然，这对于我们来说是非常不幸的……我们更希望您的兄弟姊妹——‘我可以’‘我愿意’‘我立即就去做’等能够继承您的事业……愿‘我不能先生’安息吧，也祝愿我们每一个人都能够振奋精神，勇往直前！阿门！”

接着，贝勒夫人带着学生们回到了教室，还举办了一个庆祝活动。贝勒夫人用纸剪成了一个墓碑，上面写着“我不能”，中间则写上“安息吧”，下面还标明了日期。贝勒夫人将这个墓碑挂在了教室中，每当有学生无意中说出“我不能”的时候，贝勒夫人就会指着这个墓碑，学生们便会想起“我不能先生”已经死了，进而想出解决问题的办法。

生活中有许多困难与挫折，面对这些困境，许多人总是不由自主地说“我不能”，在这样一种心理的影响下，他们不敢正视现实中的挑战，对自己缺乏信心，最后导致自己的潜力没有得到充分的发挥。其实，我们不能成功的原因在于：缺乏自信，总是被“我不能先生”左右。所以，不妨试着把“我不能”埋在地下，相信自己，用积极乐观的心态来面对一切，这样那些困难与挫折就会迎刃而解。永远不要让“不可能”禁锢自己的手脚，对自己要充满信心，勇敢地向前迈进，坚持到底，这样，“不可能”就变成了“一切皆有可能”。

如果说信仰是引导我们走向成功的灯塔，那么自信就是我们到达人生顶峰的动力。成功来自自信，自信者有着决胜的信念，在他们的字典里是没有“不可能”这三个字的，他们不达到目的就不罢休，“坚决咬定青山不放松”，使“不可能”变为“可能”。其实，能够打垮自己的往往不是别人，而是自己内心的“不可能”，所以，相信自己，相信“一切皆有可能”，不要把 次失败就看作人生的终点。

多一点自信，就多了一份成功的可能

有一个美国青年叫亨利，他个子很矮，内心很自卑，30多岁依然一事无成，整天坐在公园里唉声叹气。一天，亨利的好朋友找到他，兴高采烈地对他说："亨利，告诉你一个关于你的好消息！"亨利不相信，没好气地说道："我哪有什么好消息！"朋友高兴地说："真的是好消息，我看到一份杂志，里面有一篇文章，讲的是拿破仑有一个私生子流落到美国，这个私生子又生了一个儿子，他的全部特点跟你一样，个子矮矮的，讲的是一口带有法国口音的英语……"亨利半信半疑："真的是这样吗？"开始，亨利不愿意相信这是事实，可是，当他拿起那本杂志琢磨了半天后，他终于相信自己就是拿破仑的孙子。

这一发现让他完全改变了自己的内心，以前，亨利觉得自己个子矮小，非常自卑，现在，他开始欣赏自己的这一特点，他心想：矮个子有什么不好！我爷爷就是靠这个形象指挥千军万马；以前，他觉得自己的英语讲得不好，像个乡巴佬一样，但是，现在，亨利为自己拥有带法国口音的英语而自豪。亨利变得无比自信起来，每当遇到困难的时候，亨利就对自己说："在拿破仑的字典里是没有'难'字的。"就这样，亨利一直相信自己就是拿破仑的孙子，他克服了一个又一个困难，三年之后他成为一家大公司的董事长。后来，亨利请人去调查自己的身世，发现自己其实并不是拿破仑的孙子，但是，亨利说："现在我是不是拿破仑的孙子，已经不重要了，重要的是我懂得了一个成功的秘诀——人生不能没有自信。"

心理学研究中把这种因外界某种刺激的作用而激发了一个人的自信心，使人重新振作，努力实现自己的志向的社会心理现象称为"自信心效应"。自信心是一个人对自己力量充分估计的一种自我体验，是自我意识的能动表现。每一个想要成功的人都不能缺少强烈的自信心，艺术大师徐悲鸿曾说："人不可有傲气，但不可无傲骨。"如果说自卑是成功的敌人，那么自信就是成功的第一秘诀。

在生活中，有许多身有残疾或者处于逆境的人，他们之所以能取得旁人难以想象、难以达成的成就，正是因为他们有一股强大的精神动力——自信心。一个自信心很强的人，他会相信自己的力量，无论什么样的困难与挫折都不能阻挡他前进的步伐，这样的人，终将赢得成功。相反，一个缺乏自信心的人，他看不到自己的力量，看不到自己的优点与长处，在追逐目标的过程中，他失去了克服困难的信心和勇气，最终，他只能面对失败，而与成功失之交臂。人生需要有自信心，永远不放弃自己追寻的目标，那就没有什么不可能。

有了信念，你就有了力量

马丁·路德·金曾说：“在这个世界上，没有人能够使你倒下，如果你自己的信念还站立着的话。”有人曾问卡耐基：“是一种什么力量驱使你坚持了这么多年？”他只回答了两个字：“信念。”信念，当然是信念，心中怀着一份坚定的信念，执着地走下去，把实现人生目标作为一种人生的信念，这样才能产生巨大的力量。许多人失败了，并不是因为他们没有目标，而是因为他们没能够坚定自己的信念，缺少了信念，他们就失去了坚持下去的力量。信念，是一个人成功的根本，信念的力量是巨大的，它支持着我们生活，催促着我们奋斗，推动着我们不断地进步。正是信念，创造了世界上一个又一个的奇迹。

在2008年年末，英国《人物》周刊居然让一条狗登上了它的封面，而《人物》周刊对这条狗作了以下的描述：“它是降临在浮躁的英国的一种力量，它是笃定而欢快地照耀在任何一位迷失者前方的一盏路灯，它是早就藏好了眼泪和悲伤、只表露笑容与歌声的一种幸福，它的名字叫信念，它是一条狗，它是一条像人类一样用两条腿直立行走的狗。”

信念，本身就蕴含着巨大的力量，它将帮助我们走上成功之旅。

高尔基说：“只有满怀信念的人，才能在任何地方都把信念沉浸在生活中并实现自己的意志。”一个对信念不够坚定的人，他就像一根潮湿的火柴，永远不可能点燃成功的火焰。许多人的失败都源于缺少了那份信念。

有一队人马在荒凉的沙漠中艰难地跋涉，他们已经在沙漠里走了很久很久。太阳不客气地释放着光和热，他们随身带的水已经不多了，随时都会有生命的危险。又走了长长的一段路后，大家都走不动了。这时，领队的老人从自己背上解下一只水桶，对大家说：“现在只剩下一桶水了，我们要等到最后一刻再喝，不然大家都会没命的。”

于是，他们继续无比艰难的旅程，而那桶水成了他们心中唯一的希望，望着那沉甸甸的水桶，每个身体疲惫的人心中都有了对生命的一种信念：一定要坚持到旅程的最后一刻。但是，天气太炎热了，一个小伙子实在撑不下去了，他向老人乞求：“老伯，让我喝口水吧。”老人生气地回答：“不行，这水要等到最艰难的时候才能喝，你现在还可以坚持一会儿。”就这样，老人坚决地回绝了每一个想喝水的人。

眼看到了黄昏，大家发现领队的老人已经不见了，只有那个水桶孤零零地躺在前面的沙漠中，在沙地上写着一行字：“我不行了，你们带上这桶水走吧，要记住，在走出沙漠之前，谁也不能喝这桶水，这是我最后的命令。”每个人抑制住内心那份悲痛，继续向前出发了，而那只沉甸甸的水桶在每个人手里依次传递着，谁也舍不得喝上一口，因为他们清楚这是老人用自己的生命换来的。终于，他们走出了沙漠，喜极而泣之余，他们想到老人留下的那桶水，然而，打开桶盖，从里面流出的竟是沙子。

居里夫人说："生活对任何人而言都非易事，我们必须有坚忍不拔的精神，最要紧的，还是我们自己要有信念，我们必须相信，我们对每一件事情都有天赋的才能，而且，付出任何代价，都要把这件事情完成，当事情结束的时候，你就能问心无愧地说：'我已经尽我所能了。'"

信念和希望是生命的力量，在许多时候，打败自己的并不是环境，而是自己。只要我们心中还保留着一丝希望，就要坚定自己的信念，努力追求，努力奋斗。在生活中，无论自己的处境多么糟糕，我们也要在心底保持一份信念，因为信念能使我们释放出强大的力量。只要信念还在，那么希望就能够永存，命运也会对我们作出让步。

敢想敢做，更要立即去做

在生活中，我们一贯主张"谨慎做事"，这本来是一则很重要的做事准则，但是，凡事都有两面性，优点和缺点会互相转化。做事谨慎是好事，但是，如果做事过于谨小慎微，就会使自己的胆子越来越小，眼睁睁地看着机会从眼皮底下大摇大摆地溜走。很多时候，成功需要敢作敢为，换句话说，就是做事时要有一股闯劲，不能畏首畏尾，否则只会误了大事。如果做任何一件事情，你都前前后后计算好了才去做，那么，恐怕机会早就被别人抢走了。

三国时期，司马懿极具军事才能，但是，他做事太过于谨小慎微，以至于中了诸葛亮的“空城计”。

攻下街亭后，魏将司马懿乘势引大军15万向诸葛亮所在的西城蜂拥而来。但是，诸葛亮身边没有大将，只有一班文官，所带领的5000军队，也有一半人去运粮草了，只剩下2500名士兵在城里。众军听到司马懿带兵前来的消息都大惊失色。诸葛亮登城楼观望后，对众军说：“大家不要惊慌，我略用计策，便可教司马懿退兵。”

于是，诸葛亮传令，将所有的旌旗都藏起来，士兵原地不动，如果有私自外出以及大声喧哗者，立即斩首。同时，把四个城门打开，每个城门之上派20名士兵扮成百姓模样，洒水扫街。而诸葛亮本人则披上鹤氅，戴上高高的纶巾，在望敌楼前凭栏坐下，慢慢弹起琴来。

司马懿的先头部队来到城下，见到这种气势，不敢轻易入城，便急忙返回报告了司马懿。司马懿听了，哈哈大笑：“这怎么可能？”于是，他亲自飞马前来观看，看到此般情景，疑惑不已。做事一向谨小慎微的他不敢贸然闯入，只好下令军队撤退。

后来，司马昭说：“莫非是诸葛亮家中无兵，所以故意弄出这个样子来？父亲您为什么要退兵呢？”司马懿说：“诸葛亮一生谨慎，不曾冒险，现在城门大开，里面必有埋伏，我军如果进去，正好中了他们的计，还是快快撤退吧！”

等到各路军马都撤退以后，诸葛亮的士兵问道：“司马懿乃魏之名将，今统15万精兵到此，见了丞相，便速退去，何也？”诸葛亮说：“兵法云，知己知彼，百战不殆。如果是司马昭和曹操的话，我是绝对不敢实施此计的。”

诸葛亮的话其实意指司马懿本身是一个做事谨小慎微的人，他从来不打没有把握的仗。一旦他觉得前面有埋伏，就会选择撤退，而诸葛亮恰恰算准了他这样的心理。虽然，谨小慎微让司马懿做成了不少事情，但在“空城计”里，他偏偏因过分谨慎而中计了。

每个人都有自己的追求，或金钱，或名望，或权力，或爱情，或崇高的理想信念，等等。不同的是，有的人在追求的驱动下一往无前并成功了，而大多数人面临的不是止步不前就是难堪的失败，这是为什么呢？当我们观察那些所谓的成功人士的时候，你会发现他们身上有一个共同点——敢想敢做。当我们有一个好的想法，或当我们面临一项艰巨的任务时，不要畏惧，而要迅速行动起来。瞻前顾后，谨小慎微，只会让你犹疑不前，而只有行动起来，并不断进行调整，才能最终成就大事。

第 8 章

你有什么样的态度，就能达到什么样的高度

在生活中，我们每个人都有不同的工作轨迹，有的人是公司里的核心员工，他们实现了自己的价值；而有的人却一直碌碌无为；还有的人总是抱怨，总认为自己很有本事，到头来却是一无所成。其实，我们都明白，除了少数天才，大部分人的禀赋是相差无几的，那是什么在造就我们的不同，改变我们的人生呢？当然是工作的态度。

竭尽全力，就是超强的行动力

哲人认为，成功是建立在全力以赴、尽职尽责做好日常工作的基础之上的。千万不要小看一些事情，因为它们往往是决定成败的关键。在闻名世界的西点军校，那里的人向来都是以全力以赴、尽职尽责闻名于世，当他们做完一件事情之后，不管结果怎样，先是反问自己：在做这件事的时候，自己是否竭尽全力了？这就是“西点人”通常的习惯，也因为这个很好的习惯，越来越多的西点人从中受到了很大的益处。

在美国西雅图的一所著名教堂里，有一位德高望重的牧师——戴尔·泰勒。有一天，他向教会学校一个班的学生讲了下面这个故事：

那年冬天，猎人带着猎狗去打猎。猎人一枪击中了一只兔子的后腿，受伤的兔子拼命地逃生，猎狗在其后穷追不舍。可是追了一阵子后，兔子跑得越来越远了，猎狗知道实在追不上了，只好悻悻地回到了猎人身边。

猎人气急败坏地说：“你真没用，连一只受伤的兔子都追不到！”猎狗听了很不服气地辩解道：“我已经尽力而为了呀！”再说兔子带着枪伤成功地逃回了家，兄弟们都围过来惊讶地问它：“那只猎狗很凶啊，你又受了伤，是怎么甩掉它的呢？”

兔子说：“它是尽力而为，我是竭尽全力呀！它没追上我，最多挨一顿骂，而我若不竭尽全力地跑，可就没命了呀！”

泰勒牧师讲完故事之后，又向全班郑重其事地承诺：谁要是能背出《圣经·马太福音》中第五章到第七章的全部内容，他就邀请谁去西雅图的“太空针”高塔餐厅参加免费聚餐会。《圣经·马太福音》中第五章到第七章的全部内容有几万字，而且不押韵，要背诵全文无疑有相当大的难度。尽管参加免费聚餐会是许多学生梦寐以求的事情，但是几乎所有的人都浅尝辄止，望而却步了。

几天后，班中一个11岁的男孩儿胸有成竹地在泰勒牧师面前，从头到尾地按要求背了下来，竟然一字不漏，没出一点差错，而且到了最后，简直成了声情并茂的朗诵。

泰勒牧师比别人更清楚，就是在成年的信徒中，能背诵这些篇幅的人也是罕见的，何况是一个孩子。泰勒牧师在赞叹男孩那惊人记忆力的同时，不禁好奇地问：“你为什么能背下这么长的文字？”

这个男孩不假思索地回答说：“我竭尽全力！”16年后，

这个男孩成了世界著名软件公司的老板，他就是比尔·盖茨。

当我们毫无保留、自发自动、竭尽全力地去做一件事情的时候，结果往往是成功的。在生活中，这样的例子有很多，有些事情从表面上看是极其困难的，但只要我们全力以赴，不保留，不妥协，不总是想着自己还有退路，那我们最终是可以成功的。在很多时候，我们之所以失败了，不是因为路途太艰难，而是我们丧失了继续前进的勇气，也就是说，我们没竭尽全力。

假如你想登上事业的成功巅峰，那就需要永远保持自动自发的精神，即便面对缺乏挑战性或毫无乐趣的工作，也要全力以赴。只要养成了这样一种习惯，那你就能从中获得所向披靡的武器，从而获得自己想要的快乐和尊严。

做好当下的工作，才能成就未来的事业

在西点军校，每一个西点人都拥有一颗敬业之心，离开西点之后，不管他们是身在军队还是从事另外的工作，他们都明白，应该坚守自己的岗位，尽职尽责，热爱自己的本职工作。威廉·费尔波是耶鲁最著名而且深受欢迎的教授之一，他非常热爱自己的工作，曾经这样谈起自己的工作："对我来说，教

书凌驾于一切技术或职业之上。如果有热忱这回事，那么这就是热忱了。我的爱好是教书，正如画家的爱好是绘画，歌手的爱好是唱歌，诗人的爱好是写诗。每天起床之前，我就兴奋地想着有关学生的事……人的一生之所以能够成功，最重要的因素是对自己每天的工作抱着热忱的态度。”

沃尔玛的创始人山姆·沃尔顿充分肯定热情在工作中的重要性，他要求公司的每一位员工都热爱自己的本职工作。假如哪一位员工没有热情，那么就只能请他走人了。

当一位顾客走进沃尔玛时，他在30秒钟之内便能得到亲切的问候，即便商场职员都在为别的顾客服务。在这种情况下，职员通常会请正在接受服务的顾客原谅：“对不起，我去跟那位顾客打个招呼请他稍等片刻，您不会介意吧？”这些话通常会得到顾客的体谅和好感。

职员在问候完新到的顾客后，他通常会加上一句：“感谢您的耐心，很快将会有人过来为您服务。”刚到的顾客和已到顾客都会感到非常满意，因为受到了热情的接待。

当然，沃尔玛的这种热情服务得到了回报，因为每一位职员都热爱自己的工作，在这里，每一位顾客都会感觉到自己是上帝。2020年，沃尔玛位列《财富》杂志美国500强排行榜第一位。

同样一份工作，由同一个人来干，这个人是否热爱自己的工作，效果是截然不同的。热爱自己的工作，会让员工变得十分有活力，工作干得有声有色，创造出许多辉煌的成绩；而不热爱自己的工作，则会让员工变得懒散，对工作冷漠处之，也会影响员工潜在能力的发挥，当然就不会有什么出色业绩。

成功者告诉我们：所有的成功将从热爱自己的本职工作开始。有人曾作过一项调查：在现实的工作中，有80%的人把工作当作苦役，迫不及待地想要摆脱工作的枷锁；剩下的18%中也并不是都喜欢工作的，大多数还抱着一种无所谓的态度；只有少数2%的员工，是真心地为工作付出全部热情，当然，这少数的员工才是公司里真正的精英。当我们在工作中遭遇挫折或失败的时候，我们总喜欢以外界的理由去为自己开脱，如竞争太过激烈等，很少会仔细地审视一下自己是否热爱本职工作。如果你只是无精打采地上班、磨磨蹭蹭地工作，只会让老板下定辞退你的决心。

最大的快乐是劳动和工作的快乐

哲人说：“每天无所事事是人生的消费者，积极有用才是人生的创造者。”有人说，人的一生就好像乘坐一台公车，我们知道它一定有起点和终点，却无法预知沿途的经历。有的人行程长，有的人行程短；有的人可以很从容地走过这段路程，他们在路上尽情欣赏车窗外面的美丽景色，享受人生的美好；有的人却表现得很急迫，总是在推搡和拥挤之中抱怨苦闷和无聊，无法感受到人生美好的一面。其实，不管你现在是18岁还是30岁，都需要记住：只有积极、乐观的态度才可以创造美好的人生。在人生的路途中，我们要懂得不时地进步，绝不因时间或任何的外在影响而停止努力。假如你的状态总是消极，每天无所事事；假如你一再地告诉自己“反正明天再开始也不迟”，那就会浪费今天的时间。

有一个人死后，在去阎罗殿的路上，遇见一座金碧辉煌的宫殿。宫殿的主人请求他留下来居住。

这个人说：“我在人世间辛辛苦苦地忙碌了一辈子，现在只想吃，想睡，我讨厌工作！”

宫殿主人答道：“若是这样，那么世界上再也没有比这里更适合你居住的了。我这里有山珍海味，你想吃什么就吃什么，不会有人来阻止你。我这里有舒服的床铺，你想睡多久就睡多久，不会有人来打扰你。而且，我保证没有任何事情需要你做。”

于是，这个人就住了下来。

开始的一段日子，这个人吃了睡，睡了吃，感到非常快乐。渐渐地他觉得有点寂寞和空虚了，于是就去见宫殿的主人，抱怨道：“这种每天吃吃睡睡的日子过久了也没有意思。我对这种生活已经提不起一点兴趣了。你能否为我找个工作？”

宫殿主人答道：“对不起，我们这里从来就不曾有过工作。”

又过了几个月，这个人实在忍不住了，又去见宫殿主人：“这种日子我实在受不了了。如果你不给我工作，我宁可去下地狱，也不要再住在这里了！”

宫殿主人轻蔑地笑了：“你认为这里是天堂吗？这里本来就是地狱啊！”

为什么一个不喜欢工作的人会生活在地狱里？当一个人觉得累了，他就想要休息，不想工作，每天除了吃就是睡，刚开始他会满足这样的生活，但时间长了，他只会感觉到寂寞和空虚。即便是再懒惰的人，过着这样如寄生虫一般的日子，久了也会感觉到没有意思，因为他对这样的生活提不起半点兴趣了。人们都以为不工作的生活就是天堂，哪知都理解错了，那才是地狱。不想工作的人是没办法找到天堂的，没有谁比那些整天无所事事的人更累、更无聊了，因为他们找不到休息的办法。虽然工作比较累，但它充满了情趣，让人富有生机和活力。

文学大师莎士比亚曾说：“斧头虽小，但多劈几次，就能将坚硬的树木伐倒。”假如你把“每天进步一点点”作为自己的座右铭，那长久下去，你就会成为一个积极乐观的创造者。试着每天都去做一件自己虽不喜欢，却很有意义的事情，比如，每天固定地做10分钟运动，背3个英文单词，读一小段文章，或用吃晚饭前的空当练习拉二胡。这些事情或许刚开始做时自己是不喜欢的，但你会感觉很有意义，用不了多久的时间，你就会发现自己的身体、知识、琴艺都有了快速的进步。

此外，我们需要把目标设定在比自己现有能力再多出几个百分点的地方，比如，学校考试时，自己期许考高一点，也许会累一点，但时间长了，你就会发现自己的能力已经多练出几个百分点，在不知不觉中，你已经变成一个比以前更优秀的自己。

拥抱激情，然后奋力进取

我们应该明白，激情是人类意识的主流，能够促使一个人把思想付诸行动。对于我们来说，激情是不可缺少的，所有成功者都了解激情所发挥的心理作用，许多领导者以激情的态度投入到工作中去，目的在于鼓舞所有员工的士气，用激情感染员工，鼓舞他们努力工作。成功者告诉我们，一个人成功的因素很多，而居于这些因素之首的就是对工作的激情。

一个下着雨的下午，有位老妇人走进匹兹堡的一家百货公司，漫无目的地在里面闲逛，很显然一副不打算买东西的样子。这时，绝大多数的售货员只是瞟了她一眼，然后就自顾自地忙着整理货架上的商品，以避免这位老妇人麻烦自己。只有一位年轻男店员在看到那位闲逛的妇人后立即主动地向她打招呼，很有礼貌地问她，是否有什么需要帮忙的。这位老妇人对他说，自己只是进来躲雨的，并不打算买任何东西。那位年轻男店员说，即使不买东西也同样欢迎她的到来。他主动与她聊天，以显示自己欢迎的诚意。老妇人离开时，年轻男店员还陪她到门口，替她把雨伞打开，那位老妇人向年轻男店员要了一张名片就走了。

不久后的一天，年轻男店员突然被公司老板召到办公室，老板向他出示了一封信，是那位老妇人写的。那位老妇人要求这家百货公司派一名销售员前往英格兰，代表该公司接下装潢一所豪华住宅的工作，这位老妇人就是钢铁大王卡内基的母亲。

在那封信里，卡内基的母亲特别指定这位年轻男店员代表公司接受这项工作，当然，这项工作的交易额十分巨大。

案例中的年轻男店员得到了晋升的机会，而这与其对工作的激情是分不开的，他用自己的激情投入为自己创造了机会。激情是一种动力，它会不断促使人们去开拓自己，成就自己。激情是一股不可抗拒的力量，足以克服一切障碍和不如意。激情是一种精神特质，它代表一种积极工作的精神力量，当然，这样的力量是不稳定的。不同的人，激情程度与表达方式不一样；同一个人，在不同的情况下，激情程度与表达方式也不一样。总而言之，激情是每个人都具有的，只要善于利用，就可以使之转化为巨大的能量。

我们应该坚信：激情是一个人迈向成功的无限动力。激情，为我们所做的每件事情都增添了火花与趣味，无论事情有多困难，我们都会以不急不躁的态度去完成。只要怀着满腹激情，任何人都会成功。查尔斯·史考伯曾说："对任何事都热忱的人，做任何事都会成功。"在日常生活中，即使失意了，我们也应该避免失败者的态度，不要认为自己失败了就再也没有办法重新获得成功。相反，我们应该重拾激情，怀着热忱的态度，鼓舞自己和家人，只有充满激情和希望才能面对未来，最后才会赢得成功。

戒掉懒惰，勤奋起来

哲人认为一个人的成功跟他是否勤勉有重要关系。如果一个人是勤奋的，那么他就拥有了成功的机会；如果一个人是懒惰的，那么他就一定不会成功。勤勉和成功是相辅相成的，经常会有人因为自己的勤勉而成功，但很少有人因为懒惰而成功。虽然你的勤劳并不一定会给你带来成功，但是无论如何，每个人都要辛勤工作，因为这是走向成功的最基本条件。

哈德良皇帝看见一个老人正在努力工作，他在种植无花果树。于是，他问老人道：“你是否期望自己能够享受果实呢？”

老人回答说：“如果我不能活到吃无花果的时候，我的孩子们也将会吃到。或许上帝会因此特赦我。”

“如果你能够得到上帝的特赦，吃到这棵树的果实，那就请你告诉我。”皇帝对他说。

随着时间的逝去，果树果然在老人的有生之年结出了果实，老人装了满满一篮子无花果去见皇帝。见到皇帝，他说：“我就是你看见过的那个种无花果树的老人，现在无花果成熟了，这些无花果是我的劳动成果。”

皇帝命他坐在金椅子上，在他的篮子里装满了黄金。可皇帝身边的仆人表示反对：“您想给一个老犹太人那么多荣誉吗？”

皇帝回答说：“造物主给勤劳的人以荣誉，难道我就不能做同样的事吗？”

皇帝说得很对，上帝和人们通常都是把奖赏给那些勤勉的人。因为勤劳，所以老人得到了上帝的特赦，在自己有生之年吃到了无花果。在“西点人”看来，懒惰将会使一个人一事无成，所以他们选择了勤勉，只有勤勉的人才会尝到胜利的果实。

哲人这样劝告世人：“最难受的工作是无所事事，最愉快的工作是奋斗不止。”大多数成功者崇尚工作，他们十分讨厌整天无所事事，到处游走，那是令他们觉得很难受的事情，而整天勤勉甚至紧张的工作才是他们所喜欢的。成功者的生存之法就是培养自己勤勉的习惯，因为这是成功的关键。

韩愈也曾经说：“业精于勤荒于嬉，行成于思毁于随。”一个人要想成就一番事业，一定要守住“勤”字，戒掉“惰”字。面对你的生活或者事业，你用什么样的态度来付出，就会得到什么样的回报。如果你以勤付出，回报你的，也必将是丰厚的硕果。相反，对于那些懒惰的人，生活是不会赐予他们任何东西的。懒惰的人是思想上的巨人、行动上的矮子。如果你懒惰地面对你的人生，那么其实就是把自己的生命一点点送入虚无。一个成功的人，是不会让懒惰有任何机会的。每个人都要时刻提醒自己：“成事在勤，谋事忌惰。”

第 9 章

现在的生活，每天都要活在快乐中

哲人说：“快乐没有父亲，没有一个快乐曾经向前一个学习，它死去，没有继嗣。而悲哀却有悠久的传统，从眼传到眼，从心传到心。”在人生的旅途中，假如遇到了令自己悲哀难过的事情，停下来，抬头看看阳光，让快乐照进你的心田。

真正让你成长的，是每一次的磨难

幸福是一种美好的感觉或享受，而痛苦则令人感觉受到折磨。人的天性往往是努力追求幸福，而避免痛苦。然而，上帝总是成双成对地创造一切，它让幸福与痛苦也形影不离，于是，幸福与痛苦之间形成了一种微妙关系。从主观上讲，每个人都希望获得幸福而避免痛苦，但是，幸福的降临往往有痛苦的伴随，如此而诞生的幸福滋味则更令人难忘。试想，如果你总是轻而易举地赢得幸福，你会体会到真切的幸福吗？所以，痛苦是幸福的代价，痛苦是进入幸福之门，而且，在痛苦的穿插之后，我们的心会变得更加快乐。在日常生活中，每个人都不可避免地会面临痛苦，诸如在一次比赛中失败或者失去了最宝贵的东西，但是，我们依然可以活得很幸福。人生中无法缺少痛苦，但是，快乐才是常态，痛苦只是小插曲。

在格连·康宁罕8岁的时候，一场爆炸事故让他的双腿严重受伤，导致他的腿上没有一块完整的肌肤。医生毫不犹豫地断言："你此生再也无法行走。"面对满脸悲伤的父母，康宁罕并没有哭泣，而是大声宣誓："我一定要站起来！"在床上躺了两个月之后，康宁罕便尝试着下床了，为了不让父母看见伤心，他总是背着父母，拄着父母为自己做的小拐杖在房间里慢慢挪动，钻心的疼痛将他一次次击倒，他跌得浑身是伤，但康宁罕并不在乎身体上的疼痛，反而咬着牙挣扎着站起来。他坚信自己一定可以重新站起来，重新走路，甚至奔跑。经过几个月痛苦的练习，康宁罕的两条腿可以慢慢地屈伸了，他在心底为自己默默欢呼："我站起来了！我站起来了！"

在医院里，康宁罕想起了离家两英里的一个湖泊，他怀念那里的蓝天，怀念那里的小伙伴。他想再次走到湖泊边，与小伙伴一起玩耍。怀着这样一个美好的心愿，康宁罕更加坚强地锻炼着自己。两年之后，康宁罕凭借着自己的坚韧和毅力，走到了湖泊边。从此，他又开始练习跑步，把农场上的牛马作为自己追逐的对象，几年如一日，从来没有放弃过。最后，他的双腿奇迹般地强壮了起来，他不断地挑战自己，成为美国历史上著名的长跑运动员。康宁罕人生的幸福不仅在于他所取得的成绩，更在于他微笑面对痛苦的信心。

痛苦常常来得无声无息，它考验你的毅力与坚韧，假如我们能顽强地与之抗争，逃离痛苦的阴影，重新给心以幸福的方向，那么，在痛苦之后，内心会更显幸福的光芒。痛苦并不可怕，只要内心能够找到快乐的方向，幸福的钟声一定会被敲响。总是有人问本·沙哈尔："你能帮我消除痛苦吗？"

本·沙哈尔却感到不解：为什么要用这种态度来对待痛苦？他这样说道："痛苦，也是我们的人生经验，会让我们从中学到很多，人生的成长和飞跃，经常发生在你觉得非常痛苦的时刻。"如果你曾经觉得幸福的滋味太过于平淡，那么，在痛苦的偶尔穿插中，你是否感到幸福的心会更加快乐呢?

真实的幸福是痛苦与痛苦之间的间隙。我们总是渴望快乐，却常常得到失望与不满，最终在内心产生负面情绪。一个幸福的人，并不是拒绝痛苦的人，他也会有情绪上的起伏，但整体上能够保持一种积极的心态；由于经常被积极的心态所引导，所以他感染了快乐与幸福，而很少被负面情绪所困扰。所以，在人生漫漫途中，快乐是常态，痛苦只是小插曲。

随遇而安，心自安然

为什么生活越来越富裕，收入越来越高，人们却感觉不到快乐呢？因为人们常常被"快乐的假象"所蒙蔽。本·沙哈尔说："我们所处的社会环境和文化背景是这样的，假如孩子成绩全优，家长就会给奖励；如果员工工作出色，老板就会发奖金。人们习惯性地去关注下一个目标，而常常忽略眼前的事情，最后终生都在盲目追求。"其实，我们生活的过程就是一个营造快乐的过程。快乐是什么呢？快乐就是真实、快乐地活在当下，它看起来更像是一种生命的精神状态。而在实际生活中，许多人离成功越来越近，却越来越迷茫，他们总是忍不住问自己：“难道这就是我穷尽一生所追求的吗？”于是，越来越多的人生活在快乐的假象里，他们模糊了快乐的真相。

已经是三伏天了，庙堂前的草地上仍然是一片枯黄。

小和尚说：“师父，快撒点草籽吧，这草地多难看哪！”师父赞许地看着小和尚说：“好啊！等天凉了，随时吧！”

中秋，师父买了包草籽教小和尚去种。在阵阵秋风的吹动下，草籽边撒边飘……小和尚急得喊了起来：“师父，不好了！许多草籽都让风给吹走了！”

师父不动声色地说：“嗯，没关系。吹走的多半是空的，撒下去也发不了芽儿。随性吧。”种子刚刚被撒完，就引来了一群麻雀。小和尚急得直跺脚：“坏了，坏了！草籽都让麻雀给吃了。这，这可怎么办啊？”师父和颜悦色地说：“别急，种子多，吃不完，随遇吧。”

播种那天夜里，忽然下了一阵暴雨。清晨，小和尚到院里一看，就三步并作两步地冲进禅房：“师父，这下可完了！草籽都让雨水给冲走了！”师父毫不介意地说：“冲到哪里就会在哪里发芽儿，随缘吧。”

七八天过去了，枯黄的草地上居然长出了一片青翠可人的绿茵！原先没有播种的地方竟也泛出了绿意。

小和尚高兴地直拍手：“好看！太好了！”师父眯起笑眼，慢慢地点着头说：“随喜，随喜！”

像这位师父所说：“随时，随性，随遇，随缘，随喜。”生活就是这样，我们千万不要把生活定格在某一个特定的时间、空间、标准上。面对生活中的众多琐碎事情，学会在平凡中领悟快乐，在坚强中随遇而安。当你学会不去计较生活的不快，你就能收获幸福和喜悦。

叔本华曾说过：“我们很少想到自己拥有什么，却总是想着自己还缺少什么！不要感慨你失去或是尚未得到的事物，你应该珍惜你已经拥有的一切。”我们总是陷入这样一个误区，自己只要实现了某些目标，诸如财富、地位，那么我们就会幸福，其实，这只是一种快乐的“假象”。当你实现了目标之后，你会获得暂时的快感，但是，这样的快乐难以持久。

我们常常忘记了活在当下，忘记了放慢脚步，忘记了应该留一些时间给自己，以倾听内心的声音。快乐，就是对此时此刻的自己多一些积极的肯定，接受现在的自己，不要忽略现在所拥有的，同时，简化自己的生活，不要试图去追求更多，与其把希望寄托于未来，不如尽情享受当下拥有的幸福。

放弃虚幻的梦，珍惜当下的幸福

你每天幸福吗？面对这样一个既简单而又复杂的问题，我们常常不知道该如何回答。为此，史铁生曾这样写道："生病的经验是一步步懂得满足。发烧了，才知道不发烧的日子多么清爽。咳嗽了，才体会不咳嗽的嗓子多么安详。刚坐上轮椅时，我老想，不能直立行走岂非把人的特点搞丢了？便觉天昏地暗。等到又生出褥疮，一连数日只能歪七扭八地躺着，才看见端坐的日子其实多么晴朗。后来又患'尿毒症'，经常昏昏然不能思想，就更加怀恋起往日时光。终于醒悟：其实每时每刻我们都是幸运的，因为任何灾难的前面都可能再加一个'更'字。"

在辅导班里，有一位60岁的教授，他谈吐幽默风趣，专业知识精深。但是，给学生印象最深的则是他每一次进教室都精神饱满，面带笑容，而且每次都会带上一束花放在教室的花瓶里，虽然每一次带来的花都不一样，但都一样鲜艳美丽。学生不禁产生这样的疑问：教授为什么总是感到如此幸福，难道他的生活就没有什么不顺心的事情吗？

课程结束之后，一位学生向教授表示了自己的感激之情，同时提出了一直存在心中的疑惑。头发花白的教授笑了笑，说："其实，我只是把幸福的感觉当成了一种习惯，前些天，老伴在一次车祸中走了，孩子又在外地工作，我一个人在家里很孤单，本来我已经退休了，但我还想继续执教，教师这份职业让我感到快乐。在工作之余，我最喜欢养花，在我家的院子里一年四季都有花香，我把这些花送给了朋友、邻居以及喜欢这些花的陌生人。我每次带来的花都是自己种的，能给别人带去快乐，我自己也感到很幸福。”闻着那些花香，学生感到幸福正抚摩着自己的脸颊。

亚伯拉罕·林肯曾经说过：“一个人如果下定决心要拥有幸福，他就会得到幸福。”其实，幸福只是一种感觉，我们每个人都拥有幸福的权利。在日常生活中，我们常常会感到悲伤、烦闷，总是认为幸福是一种奢侈品，难以把握。既然如此，我们不妨试着让幸福成为自己的一种习惯。生活中的习惯就是一种积累，而我们有养成幸福习惯的力量，因为我们完全可以自己选择幸福。习惯于幸福的人会在每天对自己说：“今天的天气真好，一切都会顺利的。”而总是认为自己不幸的人会说：“今天又将诸事不顺。”有时候，幸福对于我们来说只是一种选择，谁也不能决定你的幸福，除了你自己。

让幸福成为自己的一种习惯，我们不需要太多的寻寻觅觅，不需要太多的权衡，只需要放下那些过于高远的想法，给自己的幸福画一条最浅的底线，你就会发现，生活中的快乐越来越多，幸福越来越多，就会感到每一天都是富足而充实的。有的人习惯于忙碌奔波，深陷名利而不能自拔，蓦然回首，才发现真正的幸福恰恰就在出发的原点，而当年的他们却坚信幸福会在更远的地方。如果你已经埋头工作了许久，那么，请站起来，推开窗，深深地呼吸，放眼远望，微笑抑或呼喊，慢慢品尝这一刻，享受它，学会在最琐碎的事情里品尝幸福的滋味！

哪有什么完美，拥抱简单的幸福

黑格尔说："世界精神太忙碌于现实，太驰骛于外界，而不遑回到内心，转回自身，以徜徉自怡于自己原有的家园中。"追求完美，似乎是每一个人的梦想。在生活中，许多人总是在追逐繁复的完美，在这样追逐的过程中，无数的烦恼困扰着他们，愤怒、生气，这样一些消极情绪常常围绕着他们。或许，在任何人的心中，完美都是一座宝塔，我们可以在内心里向往它、塑造它、赞美它，但是，我们不能把它当作一种现实存在，否则只会让我们陷入无法自拔的矛盾之中。一个人不能在自我怜悯中空虚地度日，最重要的是，我们应该珍惜眼前的幸福。智者说："追求完美是人类正常的渴求，同时，也是人类最大的悲哀。"我们应该放弃追逐繁复的完美，张开自己的双臂，拥抱最简单的快乐。

一个失意的人找到了智者，他向智者诉说着自己的遭遇和无奈，哀叹道：“为什么在我的生命里总是找不到绝对的完美呢？”智者沉思了许久，说道：“可能是你自己对这个世界苛责太多，所以，烦恼才会找到你。”说完，智者舀起了一瓢水，问失意者：“这水是什么形状？”失意者摇摇头：“水哪有什么形状？”智者不语，只是将水倒入了杯中，失意者恍然大悟：“我知道了，水的形状像杯子。”智者没有说话，又把杯子里的水倒入了旁边的花瓶，失意者悟道：“我知道了，水的形状像花瓶。”智者摇摇头，轻轻拿起了花瓶，把水倒入了盛满沙土的盆里，水一下子渗进了沙土，不见了。智者低头抓起了一把沙土，叹道：“看，水就这么消逝了，这也是人的一生。”失意者陷入了沉思，许久才说道：“我知道了，你是通过水来告诉我，社会处处就像是一个个不规则的容器，人应该像水一样，盛进什么样的容器就成为什么形状的人。”

智者微笑着说：“是这样，也不是这样，许多人都忘记了一个词语，那就是滴水穿石。”失意者大悟：“我明白了，人可能被装于规则的容器，但也能像这小小的水滴，滴穿坚硬的石头，我们要像水一样，能屈能伸，不能要求多么规则的容器，而要做到既能尽力适应环境，又能保持本色，活出自我。”智者点点头，说道：“当你放下心中的苛求时，你会发现，任何事物都是完美的，自然，你也就获得了久违的快乐。”

阿法朗诗说：“我坚持我的不完美，它是我生命的真实本质。”生活的快乐在于简单，生命的美丽在于真实，纵然有诸多缺憾，但是，它是无法复制的无与伦比的美丽。日常生活中，我们没有必要苦苦苛求自己，没有必要去凡事要求完美，因为美丽的事物终究伴随着缺憾，只要足够真实，我们的生活一定会释放出最简单的快乐。

追逐完美，本身就是一种苛刻的生活态度，为了达到心中完美的目的，人们苛责自己、苛责他人，苛责一切的人和事。在现实生活中，所谓的“完美”终究伴随着缺憾，即使自己努力苛求，那些人和事依然达不到绝对的完美，最终，我们只能生气、愤怒。在这个世界上，本来就没有绝对完美的事物，如果我们一味地将追求完美的枷锁一层一层地套在身上，那么，最终，我们也会死在这重重的重压之中。在人生的道路上，我们永远不要背负着“完美”的包袱，否则，我们将永远陷入无法自拔的烦恼之中，最后，我们也只能在哀叹中了却此生。每个人的一生中总会经历不同的坎坷或挫折，没有一个人可以保证他就是完美无缺的。上帝对于每个人都是公平的，他给予了你一样东西，肯定会拿走另一样东西，关键是你如何去看待生命里的缺憾。

明天的烦恼，我们今天无法解决

古人云："生于忧患，死于安乐。"这是告诉我们，只有心存忧患才能使人发展，安逸享乐则会使人萎靡死亡。可是，如果我们总是没完没了地考虑明天，内心时刻存在一种忧患意识，那么，我们如何活在当下呢？虽然，人们常说"防患于未然"，但是，如果一个人对未来过度地焦虑和担忧，时间久了，就会产生一种心理负担，他整个人都会被笼罩在消极情绪之下。这样一来，极有可能导致的结果是，以后的每一天他都将生活在忧虑之中，阳光照射不进他的生活。对未来生活的焦虑和恐惧，成为现代人普遍的一种心理，即使当下的生活过得很不错，很多人也会不自主地担心未来的生活，总是没完没了地考虑明天会怎么样。因此，为了有效控制自己的情绪，不要总是没完没了地考虑明天，不妨尽心做好当下的自己！因为，明天的烦恼，今天是没办法解决的。

有一位年轻人，他总觉得自己生病了。于是，他就去图书馆借了一本医学手册，想看看自己到底得了什么病。他先看了癌症的介绍，突然，他意识到自己患癌症已经好几个月了，顿时，他被吓住了。后来，他想知道自己还患了什么病，就依次读完了整本医学手册，"结果"很糟糕：除了膝盖积水症以外，在自己身上什么病都有。当他走出图书馆的时候，他完全变成了一个全身都有病的老头。

年轻人决定去找医生。见到了医生，他说："医生，我不给你讲我有哪些病，只说我没有什么病，看来，我已经活不长久了，除了没患膝盖积水症，其余什么病我都有。"医生给他做了检查，然后开了一张处方。年轻人顾不得看，就马上塞进口袋，立即跑往药店。到了那里，年轻人匆匆把处方递给药剂师，谁知，药剂师看了一眼，就退给他说："这是药店，不是食品店，也不是饭店。"年轻人惊讶地接过处方一看，上面写着：煎牛排一份，啤酒一瓶，6个小时一次；10英里的路程，每天早上走一次。年轻人照做了，最后，他一直健康地活到了现在。

对未来担忧太多，以至于年轻人怀疑自己生病了，结果，经过医生诊断，他什么病都没有，有的只是心病。现代社会，很多人越来越焦虑，他们内心隐藏着一种未知的恐惧，担忧自己的生存状况，担忧明天。

有一位成功人士毫不忌讳地谈起自己的焦虑："现在我的公司刚刚上市，一切都在起步阶段，许多人恭贺我的成功，对此，我却感到忧心忡忡，未来的种种困难将在某个阶段等着我。同时，每天外出应酬，常常喝酒，自己的身体每况愈下，对于明天，我真的十分焦虑，害怕它的到来，更害怕随之而来的还有无限的挫折和挑战。"其实，即使再焦虑，我们也不能改变未知的明天，不妨调整好自己的情绪，以坦然的心境来面对今天，尽心尽力做好自己，不要去过多地考虑明天的烦恼。

知足和感恩，就能收获快乐

幸福是什么呢？有人说是财富与地位，有人说是美满的家庭，有人说是健康与长寿，有人说是美貌与事业，有人说是吃得好、穿得好。虽然每个人都在追寻幸福，并且，在大多数人的观念里，幸福被赋予了不同的定义，但仔细琢磨这些字眼，在幸福所有的定义里，人们似乎总是在追求着某种表面的东西，而忽视了内心所需。对此，哈佛教授认为，这种所谓的幸福定义是错误的，因为幸福并不是某种固定的实体，而是一种精神与物质的统一，更多地表现在精神体验上。

吉姆是一名律师，在纽约一家知名的大公司上班，很快将成为公司的股东，坐在自己的高级公寓里，欣赏中央公园的美景。吉姆非常努力地工作着，一周的上班时间至少达到60个小时。每天早上，他都挣扎着起床，拖着疲惫的身体来到办公室，参加会议，会见客户，这些烦琐的工作占据了他的每一天。有人问他：“在你的理想世界里还想做什么？”吉姆回答：“我最想去一家画廊工作。”那人继续问道：“难道你现在找不到画廊的工作吗？”“不是的，但如果在画廊工作，收入将会少很多，生活水平也会下降，我虽然对律师工作很反感，但没有其他选择。”

因为他总是将幸福生活定义为：高收入、较高的生活水平。甚至，他觉得放弃自己的梦想而选择了这份工作是出于“没有选择”。现在我们应该明白吉姆为什么感觉不到幸福了吧。他总是被一个不喜欢的工作所捆绑，所以，每天他都感觉不到快乐与幸福。生活中，很多人都对自己的工作不满意。其实，这些人感到不开心，并不是因为他们别无选择，而是因为他们将物质与财富误认为“幸福”。

幸福的源泉，在于懂得知足和对生命的感恩。珍惜当下的生活，这是最可贵的；知足于当下的生活，这是最幸福的。当我们珍惜生命，生命就会变得更长久；当我们珍惜家人与朋友，我们便能在其中获得快乐与幸福。在这个物欲横流的时代，你拥有多少金钱并不能说明你有多幸福，你拥有多高的社会地位与权势并不能证明你比他人更幸福。然而，只要你能够珍惜每一天，怀着一颗感恩的心，那每一天都是幸福的。那么，你珍惜今天了吗？感恩拥有的一切了吗？

第 10 章

专注是一种力量，每一天都在成就自我

海尔集团总裁张瑞敏曾这样说过："把每一件简单的事情做好，就是不简单；把每一件平凡的事情做好，就是不平凡。"一个人，不管他所遇到的是简单事还是平凡事，只有做好，一直做下去，才能成就"大业"。

真心付出，别为了功利性的目的

哲人说：“一个人付出的多少，决定他成就的大小。”中国有句俗语：付出不一定有回报。在西点军校也有一句名言：不要只为了得到回报而付出。很多时候，我们的付出应该是无私的，我们所付出的东西并不一定会让自己得到同等的回报。如果我们仅仅是为了得到回报才想到去付出，那得到的结果往往是难以令人满意的。因为，我们只是在进行一项功利性的交易，当我们在付出的时候，总会小心翼翼地计算自己的得失。如果计算的结果是弊大于利的，我们就会减少付出的时间和精力，甚至会停止付出。

小约翰是商人的儿子，有时他会到爸爸的商店里去看看。店里每天都有一些收款和付款的账单需要经办，小约翰往往需要把这些账单送到邮局寄走，渐渐地，他觉得自己似乎成了一个小商人。

有一次，他忽然想出一个主意：也开一张收款账单寄给妈妈，索取他每天帮妈妈做事的报酬。第二天早上，妈妈发现自己餐盘旁边放着一份账单：母亲欠儿子约翰如下款项——为取回生活用品20芬尼，为把信件送往邮局10芬尼，为在花园里帮助大人干活20芬尼，为他一直是个听话的好孩子10芬尼，共计60芬尼。

小约翰的母亲仔细看了这份账单一遍，什么也没说。晚上，小约翰在他的餐盘旁边看到他索取的60芬尼报酬，正当他要把这笔钱收进口袋时，突然发现在餐盘旁边还放着一份给他的账单：约翰欠母亲如下款项——为在她家里过的10年幸福生活0芬尼，为他10年中的吃喝0芬尼，为在他生病时的护理0芬尼，为他一直有个慈爱的母亲0芬尼，合计0芬尼。小约翰读着读着，感到羞愧万分，他怀着一颗怦怦直跳的心蹑手蹑脚地走进母亲的房间，将小脸蛋藏进了妈妈的怀里，小心翼翼地把那60芬尼塞进了她的口袋。

如果你只想索取或接受，那你只会成为一个乞丐，假如你想要付出或给予，那说不定你会成为一个富人。当我们还在计算我们的付出应该有多少回报的时候，又是否想过，关于我们已经得到的，自己又付出了多少呢？生活中，我们不应该计较得失，更不应该纠结于自己付出了多少就应该得到多少，有时候，付出不一定是有回报的。

当你不断地计算自己所付出的东西可以得到多少回报的时候，你的付出已经大打折扣了——你的付出并不是百分之百出于内心，而是计较之后的剩余。这样的计较心理对我们的结果会产生很大的影响，甚至可能导致我们最后一无所获。诚然，当我们付出了许多艰辛之后，如果还是一无所获，那是悲哀的，但在这时，你是否会想到，之所以产生这样的结果，就在于自己当初犹豫不决，总是在计较付出与回报，总想着回报，才导致自己付出不够，因此才导致了最后的失败。

一步步积累，终有所成

世界上没有一步登天的奇迹，所以成功者总是恪守“脚踏实地”的原则，做任何事情都循序渐进。他们明白，要想获得成功，就必须从小事做起，哪怕是一件微不足道的小事。他们只专注于现在所拥有的工作，认为用投机取巧的方法来获得成功是永远不可取的，即便可能在短时期内能获得一两次的成功，终究无法获得长久的成功。他们更愿意通过慢慢添加一砖一瓦，踏踏实实地坚守自己的位置，最后打造出属于自己的一片天地。

犹太人哈同在1872年独自一人来到中国上海谋生，当时24岁。他看起来是一个年轻力壮的青年人，但是他身上除了自己穿着的衣服以外，一无所有。他既没有一点资本，也不懂专业知识和技术。但是他来中国是为了赚钱发财的，于是，他根据自身的情况，决心从找到一个立足点开始。

他凭着自己长得魁梧高大，在一家洋行找到了一份看门的工作。哈同并没有为自己的这份工作感到丢脸，他认为通过为别人看门赚来的钱也是一种报酬，这并不会使自己失去身份。他希望以这份工作作为一个立足点，通过自己的努力奋斗，积蓄力量，终会找到能赚更多钱的路子。

哈同对自己的工作非常认真，忠于职守。另外，他还常常利用自己晚上休息的时间阅读一些经济和财务方面的书籍，来增长自己的知识。老板渐渐发觉哈同是个出色的员工，而且很聪明，于是就把他调到业务部门当办事员。哈同一如既往地工作，业绩也越来越突出，逐步被提升为行务员、大班等。这时候，他的收入已经大大增加了，可是满怀志向的他并没有知足。他想拥有自己的企业，于是，他在1901年离开了工作岗位，开始自己独立经营商行。

哈同为自己创办的商行取名“哈同商行”，主要以经营洋货买卖为主。他独特的眼光使他发现洋货在中国市场上的竞争品不是很多，而这样的话消费者就难以“货比三家”。因此，他神不知鬼不觉地获得了高额利润，使自己的商行越办越大。

哈同能够从一个看门工做到商行的老板，正体现了敬业精神的力量。看门工，可能是大多数人都瞧不起的活，是别人不愿意干的，他们觉得自己相貌堂堂、年轻高大，怎么会屈于当看门工呢！可是哈同不这么认为，他把这作为成功的一个起点。我们如果注意哈同的工作历程，就不难发现他成功的秘诀，那就是“脚踏实地，循序渐进”。他对自己的每一份工作都做到勤勤勉勉、忠于职守，并且不是急于求成，而是循序渐进，慢慢登上成功的山顶。

“罗马不是一天建成的。”聪明的犹太人正是坚信这样的道理，才能够在世界享有盛名。中国也有句相似的格言：“千里之行始于足下。”它们所表达的是同一个意思。我们在面对任何一件事情的时候，都要脚踏实地、循序渐进地努力，如此才能获得最后的成功。正所谓“一屋不扫，何以扫天下”，凡成大事者，都需要从小事做起，踏踏实实地做好生活中的每一件事，小事做多才能成就大事。

以争第一的心态去奋斗

在日常生活中，我们所关注的往往只是第一，如世界上最高的山峰、最长的河流、奥运会上的冠军，等等。假如问谁是第二，那估计许多人都是回答不上来的。如果我们想要得到他人的认可，就必须不断努力，不断向前，随时以一种争第一的心态去奋斗。

20世纪30年代，在英国一个不出名的小镇里，有一个叫玛格丽特的小姑娘自小就受到严格的家庭教育。父亲从小就给她灌输这样的理念：无论做什么事情都要力争一流，只要最好的。即使是坐公共汽车，你也要永远坐在前排。玛格丽特在她父亲的“无情”教育下，从来不敢说“我不能”“太难了”之类的话。这样的要求对于一个小姑娘来讲可能太高了，太难做到了，但后来的事情证明父亲是正确的。正因为从小就受到父亲的“残酷”教育，玛格丽特才培养出积极向上的决心和信心。在以后的学习、生活或工作中，她时时牢记父亲的教导，总是抱着一往无前的精神和必胜的信念，尽自己最大努力做好每一件事情，事事必争第一，以自己的行动实践“只要最好”的目标。

玛格丽特在上大学时，学校要求学5年的拉丁文课程，她凭着自己顽强的毅力和拼搏精神，在一年内就全部学完了。令人难以置信的是，她的考试成绩竟然名列前茅。其实，玛格丽特不仅在学业上出类拔萃，她在体育、音乐以及学校的其他活动方面也都一直走在前列，是学生中的佼佼者。当年她所在学校的校长评价她说：“她无疑是我们建校以来最优秀的学生，她总是雄心勃勃，每件事情都做得很出色。”

正因如此，44年以后，玛格丽特成为世界政坛上一颗耀眼的明星，她就是保守党领袖并于1979年成为英国第一位女首相、雄踞政坛长达11年之久、被世界政坛誉为“铁娘子”的玛格丽特·撒切尔夫人。

如果我们想要赢得成功，成就不平凡的一生，那不管做什么事情，都要勇争第一。冠军和亚军从最后的结果看虽然只有一步之遥，但他们享有的名誉和利益却相差甚远。一个是经过努力获得荣誉的成功者，一个是同样付出却功亏一篑的失败者。因此，只有那些永争第一、力求最做到最好的人，才有更多的机会成为最后的胜利者。

信念常在，就会拥有好运

生活中，我们要学会坚守心中的那块“土地”，因为它会给自己带来好运。其实，坚守心中的那块“土地”，就是要在任何时候都相信自己。哲人说：“面对任何问题都要持怀疑态度，以好奇的态度进行思考。”当然，对问题的怀疑意味着我们需要证明自己心中的想法是正确的，但这时候我们怀疑的是问题本身，而不应该是自己。在任何质疑面前，我们都不要怀疑自己，而应大胆证明自己。当然，这需要绝对的自信与勇气。

克里斯托·莱伊恩是英国一位年轻的建筑设计师，幸运的他被邀请参加了温泽市政府大厅的设计，克里斯托·莱伊恩没有运用工程力学，而是根据自己的经验，巧妙地设计了只用一根柱子就支撑大厅天花板的预案。一年过去了，当市政府请权威人士来验收工程的时候，专家却对克里斯托·莱伊恩设计的一根支柱提出了异议。他们认为用一根柱子支撑天花板太危险了，要求克里斯托·莱伊恩再多增加几根柱子。克里斯托·莱伊恩十分自信地说："只要用一根柱子便足以保证大厅的稳固。"他完全相信自己的计算和经验，拒绝了工程验收专家的建议。不过，克里斯托·莱伊恩的固执惹恼了市政府官员，他差点因此而被送上法庭。在这样的情况下，克里斯托·莱伊恩只好在大厅周围增加了4根柱子，不过，这4根柱子全都没有挨着天花板，之间相隔了两毫米。

300年过去了，温泽市的市政官员换了一批又一批，但是，市政府大厅依然坚固如初。一直到20世纪后期，当市政府准备修缮大厅的时候，才发现了这个秘密。当时，消息一传出，轰动了世界，各国著名的建筑师都慕名而来，欣赏这几根神奇的柱子，他们看到了在大厅中央圆柱顶端写着的一行字："自信和真理只需要一根支柱。"而克里斯托·莱伊恩这位伟大的设计师只留下了这样一句话："我很自信，至少100年后，当你们面对这根柱子的时候，只能哑口无言，甚至瞠目结舌，我要说明的是，你们看到的不是什么奇迹，而是我对自信的一点坚持。”

即使遭到了质疑，克里斯托·莱伊恩依然坚信自己的设计是正确的，而时间证明了一切。有的人其实已经触碰了真理，却因为怀疑自己，最终错过了成功的机会。

1900年，著名教授普朗克和儿子在花园里散步，他看起来神情沮丧，遗憾地对儿子说：“孩子，十分遗憾，今天有个发现，它和牛顿的发现同样重要。”原来，他提出了量子力学假设以及普朗克公式，但是，由于他一直很崇拜牛顿并虔诚地将牛顿的理论奉为权威，而自己的发现将打破这一完美理论，他有些怀疑自己的判断，最终他宣布取消自己的假设。不久之后，25岁的爱因斯坦大胆假设，他赞赏普朗克假设并向纵深处引申，提出了光量子理论，奠定了量子力学的基础。随后，爱因斯坦又突破了牛顿绝对时空理论，创立了震惊世界的相对论，并一举成名。

对自己的怀疑，常常会让我们失去成功的机会，或是让我们放慢前进的脚步。普朗克对自己的怀疑，使物理理论的发展停滞了几十年。所以，任何时候，都莫要怀疑自己，而要努力、勇敢地证明自己，这样我们才有可能站在成功的顶峰之上。

面对强大的势力，面对重重的困难，面对许多的诱惑，我们怎能不坚守心中的那份自信呢？总是不断地怀疑自己，这是缺乏自信的人所表现出来的特点。缺乏自信的人，他们不敢，甚至畏惧相信自己的想法和判断；缺乏自信的人，他们总是想办法证明的是自己是错误的，而不懂得证明自己是正确的，因为他们内心畏惧出错。怀疑自己，只会成为我们成功之路的障碍，只会使我们放慢前进的步伐，所以，对自己多一份自信，相信自己，千万不要怀疑自己，同时，我们应该鼓起勇气去证明自己。

只要专注，每一天都在进步

在生活中，当我们被问道：为什么你不努力？回答：诱惑那么多，我怎么能专心！为什么每天都这么浑浑噩噩？找不到目标，我朝哪里奋斗！为什么一次次立下誓言，最后都是无疾而终？未来那么遥远，我怎么知道现在做的以后有没有用！假如在若干年之后，我们扪心自问：为什么我找不到一份好工作？心回答：像你这样抵不住诱惑的人，好工作怎么会看上你？为什么以前那些我看不起的人都获得比我高的成就？每天总是得过且过，你怎么配得上成就？为什么他们都有这些那些机会，只有我每天重复又重复这些无味的日子？因为以前总是没有准备，没有技能的积累，没有那些你不知道有没有用的知识，你怎么能把握机会？

盛夏的一天，一群人正在铁路的路基上工作。这时，一列缓缓开来的火车打断了他们的工作。火车停了下来，一节特制的并且带有空调的车厢的窗户被人打开了，一个低沉的、友好的声音：“大卫，是你吗？”

大卫·安德森——这群人的主管回答说：“是我，吉姆，见到你真高兴。”于是，大卫·安德森和吉姆·墨菲——铁路公司的总裁，进行了愉快的交谈。在长达1个多小时的愉快交谈之后，两人热情地握手道别。

大卫·安德森的下属立刻包围了他，他们对于他是墨菲铁路总裁的朋友这一点感到非常震惊。大卫·安德森解释说，20多年以前他和吉姆·墨菲是在同一天开始为这条铁路工作的。其中一个下属半认真半开玩笑地问他，为什么他现在仍在骄阳下工作，而吉姆·墨菲却成了总裁。大卫·安德森非常惆怅地说：“23年前我为1小时1.75美元的薪水而工作，而吉姆·墨菲却是为这条铁路而工作。”

23年前为1小时1.75美元薪水而工作的人，现在仍然为薪水工作；23年前为那条铁路而工作的人，现在却成了团队的总裁。这就是平凡者与卓越者之间差别的根源所在。

一个老木匠就要退休了，他告诉老板自己要离开建筑业，然后和家人享受一下轻松自在的生活。老板实在舍不得这么好的木匠离去，所以希望他能在离开前再盖一栋按自己风格设计的房子。

木匠答应了，不过不难发现这一次他并没有很用心地盖这栋屋子，而只是草草地用了劣质材料就把这间屋子盖好了。其实，用这种方式来结束自己的职业生涯，实在是有点不妥。

房子盖好后，老板来检视了房子，然后把大门的钥匙交给这个木匠，说："感谢你跟随我这么多年，这间按你自己风格设计的房子是我送给你的礼物！"

瞬间，木匠震惊得目瞪口呆，羞愧得无地自容。假如他早知道是在给自己建房子，他怎么会这样呢？现在他得住在一栋粗制滥造的房子里。

在生活中，我们何尝不是这样呢？我们总是在漫不经心地建造自己的生活，不是积极地行动，而是消极应付，任何事情不是精益求精，而是关键时刻不能尽最大努力。等到我们觉得不对劲儿的时候，才发现已被困在自己建造的"屋子"里了。试着想象一下自己的房子，每当你钉下一个钉子，放置一块木板，或竖起一面墙的时候，其实就是在营造自己的生活——你会发现，成就每一天，就是在成就自己的未来。

每一天，你是否都在成就自我呢？假如你是一个学生，只为分数而学习，那么你也许能够得到好分数；但是，假如你是为了知识而学，那么你不仅能够得到好的分数，还能获取更多的知识；假如你是为了挣钱而努力，那么你有可能赚很多钱；但是，假如你想通过做生意来干一番事业，那么你有可能不仅赚到很多钱，而且会干出一番大事业。每一天，你成就自己越多，未来对你的回报就越多。

用你的热情，感染每个人

爱默生曾这样说：“有史以来，没有任何一件伟大的事业不是因为热忱而成功的。”爱默生所说的热忱是什么呢？美国著名人际学大师卡耐基曾在自己办公桌上挂了一块牌子，在镜子上也挂了同样的一块牌子，而毕业于西点军校的麦克阿瑟将军在南太平洋指挥盟军时，其办公室墙上也挂了这样一块牌子，这三块牌子上写着相同的座右铭：“你有信仰就年轻，疑惑就年老；有自信就年轻，畏惧就年老；有希望就年轻，绝望就年老；岁月使你皮肤起皱，但是，失去了热忱，就损伤了灵魂。”

有一次，一位推销员来拜访拿破仑·希尔，希望他订阅一份《周六晚邮》。推销员满脸沮丧，拿着那份杂志向拿破仑·希尔提问：“你不会为了帮助我而订阅《周六晚邮》吧，是不是？”拿破仑·希尔一口就拒绝了推销员的要求，那位推销员阴沉着脸走了出去。

几个星期之后，另一位推销员来拜访拿破仑·希尔，她推销六种杂志，其中有一种就是《周六晚邮》。推销员看了看拿破仑·希尔的书桌，发现书桌上已经摆了几本杂志，她忍不住惊呼了起来：“哦！我看得出来，你十分喜爱阅读书籍和各种杂志。”拿破仑·希尔放下了手中的稿子，点点头。推销员走到书架前，从书架上取出了一本爱默生的论文集，她开口谈论起了爱默生那篇“论稿酬”的文章，不一会儿，拿破仑·希尔也加入其中讨论。然后，推销员开始将话题回到订阅杂志的问题上。她问拿破仑·希尔：“你定期收到的杂志有哪几种？”拿破仑·希尔回答了自己订阅的杂志名称，推销员脸上露出了笑容，随即摊开了自己的杂志，她开始分析：“我觉得这里的每一种杂志你都需要订阅一份，《周六晚邮》可以让你欣赏到最干净的小说，《美国杂志》可以给你介绍工商界领袖的最新生活动态……像你这种地位的人物，一定要消息灵通、知识渊博，如果不是这样子的话，一定会在自己的工作上表现出来。”拿破仑·希尔笑了，问道：“订阅这六种杂志一共需要多少钱？”推销员笑着回答：“多少钱？呀，整个数目还比不上你手中所拿的那一张稿纸的稿费呢！”最后，她离开的时候，带走了拿破仑·希尔订阅六种杂志的订单。

两位推销员同样是向拿破仑·希尔推销杂志，但为什么那位女推销员最后获得了成功呢？事实上，拿破仑·希尔自己在回忆这件事情的时候，曾这样说：“第一位推销员的话没有以热忱作为后盾，在他脸上充满阴沉而沮丧的神情，他并没有说出任何足以打动我的理由；那位女推销员开始说话，我就从她身上感受到了那股热忱，她通过热忱感染了我，促使我不得不订阅那六种杂志。”女推销员通过语言以及行为所传递出来的“热忱”深深感染了拿破仑·希尔，虽然拿破仑·希尔在之前早已经打定主意不理睬她，但是，在热忱的感染与鼓舞下，他最终心甘情愿地掏钱订阅了杂志。

在成功者中，流行着这样一句话：你的热忱，可以融化每一个人。拿破仑·希尔说：“热忱是一种意识状态，能够鼓舞及激励一个人对手中的工作采取行动。”其实，不仅如此，热忱还具有极强的感染力，不仅会对怀着热忱的本人产生重大影响，还会感染所有和他接触的人。热忱是行动的主要推动力，有的人清楚地知道怎样鼓舞追随者发挥出热忱，他们在最后也就成为人类最伟大的领袖，拿破仑·希尔就是崇尚热忱的一位卓越领导者。他每次在评估一个人的时候，不仅考虑到对方的才干和能力，而且将考虑他的热忱，因为拿破仑·希尔认为，如果你有热忱，几乎就所向无敌了。

不断超越自我，才是生命的价值所在

对西点学员而言，西点军校是一个重塑人生的地方，每一名军人走进西点的大门，也就意味着他的人生将翻开崭新的一页。在西点的训练中，有许多项目是危险而残酷的，而正是这些训练，锻炼了西点军人刚毅的性格和不屈不挠的精神品质，这是因为只有在最糟糕的情况下人们才能竭尽全力。毫无疑问的是，我们不可能坐等危机或悲剧的到来，从内心挑战自我，不断超越自己，这才是生命的价值所在。

有一家空调制造厂，因为员工一直完不成定额，主管非常着急，他已经用尽了所有的办法，说尽了好话，又是鼓励又是许愿，甚至采用了“完不成定额，就走人”的威胁手段，可还是没有一丝的效果。他只好向总经理作了如实的汇报。

总经理在主管的陪同下走进了工厂，当时，日班马上就要结束了，总经理问一名工人：“请问，你们这一班在今天制造了几部空调？”“5部。”那名工人回答。总经理没有再说话，只是拿了一支粉笔在地板上写下一个大大的数字“5”，然后转身离开了车间。夜班工人接班的时候，看到了那个“5”字，便问是什么意思，那名准备交班的日班工人详细地作了解释。夜班工人看着那个“5”字，越看越觉得刺眼。

第二天早上，总经理再次来到工厂，他看到夜班工人已经把那个“5”字擦掉，重新写上了一个大大的“6”字。而日班工人接班的时候当然看到了很大的“6”字，他们毫不示弱，抓紧时间干活。当天晚上下班的时候，他们在地板上留下了具有示威性的特大数字“9”。逐渐地，情况有所好转，而工厂的产量也大幅度提高。

如果经理不采用激励机制，可能工人们会相信自己一班只可以制造5部空调，这时的他们觉得一个班制造9部空调是远远不可能的。为什么呢？这是因为人们已经习惯了故步自封，他们在赢得一点成绩之后就会停止向前，满足于自己所获得的成绩，其实，这是一个危险的信号。我们应该明白，努力是没有尽头的，只有不断地前行，不断超越自己才是生命意义所在。

只有不断地去超越，生活才会充满希望和乐趣。中国有句老话：“百尺竿头须进步。”即便已到了百尺竿头，取得了很大的成就，也不能骄傲自满，而应继续努力，再接再厉，去赢得更大的胜利。不管是在生活中还是工作中，只有能超越自己的人才会胜利，当你定下目标后，不论你进步了多少，哪怕只是一点点，只要你勇往直前，永不退缩，就能不断超越自我。生活中，有的人太自满，认为自己做得不错了，就停步不前了。其实，这还远远不够，不论你有多么优秀，也不要停下来，因为攀登顶峰的脚步是不能停顿的。

第 11 章

思维带来财富，开启智慧的大脑

金钱、经验、知识只是一时的，只有方法和技巧才是持久的，我们要遵循怎样的原则，才能让自己迅速富有呢？古人说“授人以鱼，不如授人以渔”，从前人成功的经验中找到渔猎之术，比发现金子更宝贵。打开自己头脑，就意味着开启了财富的口袋，在诸多财富座右铭的指引下，相信你也会收获人生的第一桶“金”。

无论如何，都别失去勇气

如果说眼光决定了你能够成就多大的事业，那勇气就决定了你的事业是虚幻的还是真实的。如果一个人拥有足够的胸襟气度，却没有足够的勇气去实践，那他只能一事无成，日日在虚妄的幻想中达到成功的顶峰。

要想淘到人生的第一桶金，就要有失去金钱的准备，有即使失去一切，也要获得成功的勇气。人生最大的财富就是智慧的头脑和行动的勇气，前者用来思考，后者用来实践。

大部分年轻人喜欢想到就去做，这是一个很好的习惯，也有人只是想想而已，觉得事情做起来有难度、有阻碍，就不去实行了。这种态度极大地阻碍了他才华的发挥，使他最终变成一个畏畏缩缩、耽于幻想的人。

山上有一个放羊的孩子，他日日夜夜都想知道山的那一面有些什么。他很想翻过山去看看，但他从来都没出过远门，也从来没有跨过那道山梁。他对未知充满了恐惧，但也充满了渴望。他夜夜梦到山的那边开满了他喜欢的花朵，草丛里到处是蹦蹦跳跳的小兔子和碧绿的大蝈蝈。那是他最喜欢的东西，但山的这一边永远只有羊啃剩下的草根、讨厌的羊群、风刮来的沙子。他很想翻过山去看看，却又很怕这样做。终于，在这种折磨中，他的生命到了终点。他问妈妈，山那边有什么？妈妈回答他："你为什么不自己去看看呢？"

是的，除了我们自己，没有人能代替我们行动。可能有人帮你作决定，可能有人帮你出谋划策，可能有人帮你做事，但没有人能代替你战胜恐惧的心理，拿出勇气，立刻行动。对于赚取财富更是如此，有人能指点你赚钱的方法，但不可能有人替你去赚钱。

对于未知的恐惧，对于风险下意识的回避，是每个人都有的，只不过有些人能控制自己的负面情绪，让自己的理智和勇气战胜畏惧，而有些人则不能。不能战胜恐惧感的人，应该怎么办呢？秘诀就是马上行动，用行动来战胜恐惧感，让自己没有时间恐惧，没有机会犹犹豫豫、思前想后，没有机会退缩。只要走了第一步，剩下的就是坚持的问题。

心理学证明，恐惧来自我们的想象，它不一定是真实存在的。对于渴望成功的人来说，恐惧无非就是害怕失去金钱，害怕失去已有的成就，害怕失败，更怕失败后会一蹶不振。想一下，如果我们不害怕失败，我们会怎样做？我们大概会抓住机会尝试一下，尝试的结果无非有两种：一是成功了，这样你就会获得巨大的成就；二是失败了，这样你就获得了经验，获得了继续努力的动力，你就会利用一切机会弥补自己本身的不足，你的实力就会一步步增强，最终达到你获得成功需要的实力。如果惧怕失败，你就不能找出自己的不足，不能使自己继续获得进步，结果就是故步自封，最终一事无成。

要知道，人生最大的悲哀不是做事失败了、经商赔钱了，而是从来就没有开始过，没有投资过。所以，如果失去金钱，我们就损失了一小部分；如果失去名誉，我们就失去了很多；如果失去了勇气，我们也就失去了一切。

只有鼓足勇气，敢于尝试，我们才能让潜力真正发挥出来，要知道，人类的潜力是无穷的，有时候，连你自己都惊讶自己居然能够做到。社会上的成功人士，大多数是把自己的潜力无穷地发挥出来的人。一旦机遇降临，那些有勇气的人就会毫不犹豫地抓住机会，发挥潜力，迅速成功。而那些缺少勇气的人，还在斤斤计较自己要不要放弃已经到手的成果，去追求更大的成功。

所以，想要成功就要做到做事之前不要犹豫、做事之后不要后悔。面对人生，既要有当机立断的决心，更要有永不后悔的气魄！面对自己真正渴望获得的成功更要如此。让勇气来扫清我们前面的一切障碍，让行动来赶走我们的恐惧心理，让成功来验证我们的想法——勇敢行动是对的。如果不行动，我们就永远是失败者，永远被世人嘲笑。只要行动，就算失败了，还有一线生机，还有成功的可能。

所以，年轻人一定要有直面人生的勇气。就算遭遇挫折，也要看到光明，就算会跌倒，也要知道自己一定能爬起来。面对事情，我们一定要有自己作决定的勇气。一旦作了决定，就要有面对失败承担责任的勇气，失败不一定会来临，但我们要敢于承担任何后果。勇气是一切成功的关键，只要有勇气面对未来的一切事情，包括成功和失败，我们就能无往而不胜。

有些人不是惧怕失败，而是没有勇气承认自己能成功，他们觉得自己只是平凡人，没有成功的本钱。其实，成功没有更多秘诀，就是不断地跌倒，不断地爬起来总结经验；也不需要太多的本钱，只要你有勇气相信自己一定能做到，你就可以做到。只要心里有1%的渴望，我们就要用100%的勇气去行动，用100%的努力去换取成功。

失去金钱事小，失去名誉事大，失去勇气就失去了一切。重要的不是我们有没有经历过打击，而是我们有没有勇气面对一切。“初生牛犊不怕虎”，年轻人一定要好好珍惜自己的勇气，用勇气来驱走恐惧，换取人生的第一桶金。

合作共赢，共创财富

每个人身上都有优点，也都有缺点。每个企业也都有优势和劣势，所以很多企业选择合作互助。而我们每个人也要学会与他人合作，才能实现双赢。

很多年轻人不屑与人合作，觉得自己有能力、有智慧，成功只不过是早晚的事，为什么要让别人分享自己的成功?

持有这样想法的人就是不够成熟的人。有些人善于思索，制订策略；有些人善于执行；有些人善于用人；有些人善于感染他人，平衡各方面关系。每个人都有自己善于做的事，如果认为一个人就能成事，就是一种幼稚的想法。每个人的性格不一，决定了每个人应该扮演不同的角色；而每个人拥有的东西不同，决定了你必须跟不同的人合作。如果你有很好的想法策略，却没有运作资金，就要跟风险投资合作；如果你才华横溢，却恃才傲物或者脾气倔强看不得别人脸色或者不善交际，就要和长袖善舞的人合作；如果你善于谋划，行动力却很差或者意志薄弱，就要和坚强乐观、行动力强的人合作。

一个人只有清楚自己的优点和缺点，与不同的人合作，才能发挥更大的作用，实现更高的人生价值。我们要善于同他人合作，实现双赢。

合作的基础，是大家有共同的目标，“道不同不相为谋”，没有相同的目标的合作会削弱彼此的战斗力，这样的合作不是在追求共赢，而是在彼此消耗内力，散伙也罢。只有心向一处想、劲儿往一处使的合作才可能获得更大的成功。因此，很多人在选择合伙人的时候，都非常挑剔，不但要和自己有相同的目标与追求，更要有同样的魄力，对未来有一致的预期，这样，两个人合作时才能亲密无间。

有了共同的合作基础，还要有明确的权力划分，很多合并企业就是这样，两个总经理，不知道要听谁的，两个重复的部门主任，不知道要怎么合作，结果内斗严重，导致人心惶惶，在内耗中把企业的力量削弱了。这样的合作，如果不能调整好各部门关系，迟早会出现问题。

我们所说的合作，是有一定基础的，首先要有共同的目标；其次要各有优势，各管一块；最后要互帮互助，精诚合作，这样才能实现共赢。如果一起合作的人都是技术狂人，没有一个善于交际，他们能取得的成就就是有限的。如果合作的人都是自私自利的人，没有人为他人着想，只想着干好自己的事，不关心合伙人反馈的信息，那么，他们成功的可能性也会很小。所以，要实现“石成玉，土变金”的目标，只有合作是不够的，还需要对合作有清醒的认识。我们可能在合作后受到哪方面的限制，享受到哪方面的利益，分别负责哪方面的事，有多大的权限，在哪方面我们可以像原来一样自由，在哪方面我们必须向谁请示等，都要达成共识，如此，合作才能完美，无懈可击。如果出现面和心不和的状况，就会内耗严重，这时就要着手解决，如果不能解决，就会拖累所有人。

成功者的美德是在成功的路上能够团结他人和自己合作，成功之后能够和团队成员共享劳动成果。

李嘉诚认为：一个人独享成果，是一种“吃独食”的心态，这样会引起其他人的反感，从而为下一次合作带来障碍。而要正确对待荣誉，需要学会三种态度，那就是：感谢、分享、谦卑。这是保证长久合作成功的品质。

连续创办“携程”和“如家”两家成功企业的四人团队——梁建章、沈南鹏、季琦、范敏，被称为当下中国“第一团队”，这个团队包括“技术神童”梁建章、投资银行家沈南鹏、“永不停息的创业者”季琦、国有旅游业的老手范敏。在这个组合里，他们的性格、爱好迥然不同，经历各异；他们创立的“携程”和“如家”虽然经历了多次高层人事变更，却从来没有发生过震荡，都在纳斯达克成功上市，并且一直保持着优异的业绩。更重要的是，他们都很有远见地选择了向前，追寻前面更大的成功，而不是迷恋于权力。这几点，从季琦身上可以看得最清楚，他一手创办了携程，遵照董事会的决议让出“携程”CEO位置；之后他创办“如家”，再次让出CEO位置。他们互相协助，互相尊重，最后达到了共赢，为中国企业树立了一个高效合作的榜样。

年轻人要以他们为榜样合作，互相尊重，互相协助，共同分享利益，而不是学习中国的某些权谋之术，否则只会违背合作的初衷，毁掉大家的情谊。不能分享成功的人，是不会有人愿意与他一起奋斗、合作的。

要实现合作的目的，达到共赢，就必须遵守合作的原则：共同的目标，清晰的权限，互助的精神。这样才能得到共同的财富。年轻人一定要养成与他人合作的习惯，这样才能实现人生更大的价值。“互助一年石成玉，合作二年土变金”，善于合作会让我们更卓越。

主动冲击，一飞冲天

老辈们经常叫我们做事要安分守己，要一步步来，不要奢望“一步登天”，赚钱也要一点点积累，不要奢望“一夜暴富”。确实，我们做事要踏实、安稳，从小事做起，戒浮躁；但不一定非要“安分守己”地等待升迁，我们应该主动要想办法、找机会，让自己像下跳棋一样“一步登天”。

年轻人往往思想活跃，我们一定要利用这个优势。在踏实做事的基础上，尽量寻找机会，用自己独特的创意、想法帮到公司。这样才能做到“不鸣则已，一鸣惊人”。

一个生产牙膏的公司，在销售上遇到了“瓶颈”，尽管他们的质量很不错，售后服务也很周到，但无论如何，他们的销售量都很难再增大了。因为市场是一定的，他们已经努力让自己的产品在市场上占到了很大份额。

公司的上层召集销售部门开会，希望他们能拿出一个好点子，让他们的销售量增大。领导们苦思对策，有的建议降低牙膏的销售价格，虽然销售量可能上去，但同时利润也更低了，并且消费者并不能从中得到好处。有的建议提高牙膏的质量，可那并不能马上实现。问题是怎样让自己的产量不必降低，市场份额不必扩大，却把库存消耗掉。一个年轻的销售员这时提出了一个好点子——“把牙膏的出口扩大一毫米”。原来他注意到，每个人挤牙膏时，都会挤出一定的长度，如果在长度不变的情况下，让牙膏口的直径扩大一毫米，那么每个人每次刷牙用到的牙膏量就会增加，那么大的市场，每天就要消耗掉更多的牙膏，牙膏的销量自然能够上去。销售员的好点子得到了采纳，很快销售员就变成了销售部经理。

他是怎样思考的呢？为什么他能想出这样的好点子？因为他利用了逆向思维。大家都想到的是改变自己，以得到消费者的认可。可他想到的是改变消费者的需求量，有了需求，市场占有率与销售额自然而然就会增加。

如果你希望自己像他那样，把握住机会，“一飞冲天”，就要在平时多留心观察生活，多思考，让自己的思维变得活跃、宽广，这样你才能在关键时刻想出更好的点子。

“安分守己”等待升迁，是一种被动的做事方法，随着经济浪潮的冲击，已经不是谁的资格老、谁做事多就可以得到升迁，而是谁做事有效率，谁的业绩高，谁能帮公司渡过难关或者更上一层楼，谁才能更快地得到升迁。不要以为那不关你的事，认为作决策、想办法是领导层的责任，这样的想法是消极的。我们一定要用积极的想法去做事情、想事情，对待公司要有主人翁的意识：既然我是公司的一员，我就有责任帮公司想办法提高利润，我有责任让公司变得更壮大。只要你有了这样的意识，你做事自然就会努力，会想尽一切办法帮助公司。如果你只想着自己的升迁、薪水，做事就会没有动力。

要想自己做得好、吃得开，就要把职业当成事业来做。很多人不明白其中的微妙区别：如果有一个小店，你是老板，自然就会格外卖力，希望把它经营好；如果你是个雇员，就会得过且过，反正工资照发，利润多少不关你的事。为什么有这么大的差别？因为前者是在做事业，而后者是在做职业。我们只有把做事业的心拿来做职业，才会更加投入，更加努力，更有想法。

在现代，“等待升迁”已经变成了“消极做事”的同义词，我们要学会主动出击，而不是慢慢等待。等待会消耗掉我们做事的激情，会影响我们做事的动力。我们一定要让自己时时刻刻处在前进中，而不是等待中。我们要学会不等待升迁，而让升迁职位来等待我们。

职位是死的，人是活的，如果人为了一个职位去做事，就会让自己的胸怀变窄、格局变小，最终他就可能变成一辈子为了职业、升迁、薪水等小事庸庸碌碌、一事无成的人。格局决定结局，我们一定要拿出做事业的劲头和胸怀来做职业，这样才可能让自己得到更大的发展。用别人的资源练自己的兵，怎么算都是最合算不过的，如果我们得到了做事业的思想观念和经验，那么，还有比这更吸引人的职位吗，还有比这更值得我们努力的事吗？所以，我们一定要站在高处看事情，用更宽广的胸怀想事情，这样才能不断拓展自己的视野。万事没有不可能，只要你作了足够的准备，就等着“好风凭借力，送你上青云”吧。

年轻的朋友，不要“安分守己”地等待升迁，要像下跳棋一样想办法“一步登天”。只要我们万事留心，多思考，开动脑筋，变被动等待为主动出击，就一定能找到“一飞冲天”的机会。

想要创业，就别畏首畏尾

青年时代正是白手起家的最好时机。尽管年轻人既没有渊博的知识，也没有丰富的经验，更缺少大量的资金，但你们有充足的时间和充沛的精力，有更高的热情，这是其他人无法相比的。

经验和知识的价值往往被人们高估了，尽管经验确实能教给我们很多东西，但它需要太长的时间去等待，当人们从经验中获得智慧的时候，它的价值已随着时间的消逝而减少了。所以，成功的人往往从他人的跌倒中获得经验。“他山之石，可以攻玉”，我们没有所谓的经验，可以一边实践一边去总结；没有所谓的知识，可以一边实践，一边去学习；没有大量的资金，可以一边实践，一边去赚取，当拥有更多的资金时，我们就可以进行更大的投资。

在我的大学时代，在某年暑假，当学生们都在休息玩乐或兼职打工的时候，我的一个同学决定创业。他首先在最繁华的服装街摆了一个地摊，但不久他发现自己根本是在赔钱，他没有更便宜的进货渠道，没有相熟的顾客，于是他很快放弃了这个古老的行业。但他并没有气馁，继续寻找可以赚钱的机会。他的一位中学朋友告诉他，他们厂有一批印坏了的图书，但仅仅是有几页印得不很清楚，并不妨碍阅读，却因为出版社要求太严格，不肯收这几千本图书，他们只好准备当废品卖掉。朋友当即意识到“机会来了”，于是拜托这个朋友把书拿来给他看一看。后来他觉得这本书内容很好，决定试销看看，就直接从印刷厂拿了一部分摆到各书店去销售，不久书店要求他把书拿走，因为书销得不快。他去调查原因，发现是书店没有把它摆在显眼的位置，于是亲自动手把书摆好，约定一个星期之后如果还销不动，就来把书拿走。结果还不到一星期各书店就催着快送书来，他立刻把印刷厂所有的书买下来拿到书店销售。因为是印坏了的书，价格只比废纸贵一点点，很快他就赚到了人生的第一桶金。这个其貌不扬的男孩子很快变成了我们学校的传奇。

所以，经验和知识并不是最重要的，最重要的是时机和勇气，如果他在卖服装赔钱之后不再进行尝试，只是努力打工来补上赔掉的钱而不再拥有创业的勇气，他就可能成为一个真正的打工者。

所以，如果你想创业，想白手起家，就要学会勇敢地坚持下去，做生意本来就有赔有赚。只要你看准时机，该出手时就出手，就可能成功。如今，政府为了鼓励大学生创业，不但创办了很多大学生创业的免费培训，更有很多大学生创业基金，很多风险投资也愿意给创业的年轻人投资。而如果你的专业和IT业有关，和网络或者游戏有关，那么你更是进入了一个好领域。所以，这个时机正是白手起家的最好时机。

如果我们不想自己的创业计划胎死腹中，就必须马上抓住现在的好时机，立刻行动。让梦想离自己越来越近，让我们拥有更灿烂的人生。

思想决定行为，行为形成习惯，习惯决定性格，性格决定命运。如果你有白手起家的想法，就要把所有的精力都放在这个事情上面，一旦找到好的项目，遇到好的时机，就马上去做，而不是左顾右盼。这样才可以让你的时间精力更有价值，更能体现你的人生价值。

年轻的你拥有更多的时间和更充沛的精力，去寻找成功的机遇，去追求成功。但你也一定要记住，如果要实现更高的人生价值，就要珍惜时间的价值，每分每秒都不能够浪费；并且，要学会合理利用时间，提高时间的利用价值，在有限的时间里，做更多的事。

所以，现在就是白手起家的最好时机，如果你想获得财富，就不要再迟疑。否则，等到你获得了赚钱的足够经验和智慧再去获取财富，你的人生已过去了一大半。没有任何一位妈妈会等到孩子足够大了，绝对不会摔跤了，再去教孩子走路。我们也一样，不能等待时机成熟了再去创业，只要你想，现在就是最好时机。

年轻的朋友，让我们不要再浪费时间在无谓的挣扎和幻想中，立刻行动，我们才能拥有更加丰富多彩、饱满灿烂的人生。我们能够等待机会，却不能等待时机，我们要一边努力做事，为机遇的到来作准备，一边等待机会。所以，随时都是创业的时机，我们要做的，就是要寻找一个好项目，及时地介入，这样成功才会向我们敞开大门。

留心观察，洞察致富的商机

大画家塞尚说："世界上向来不缺少美丽，缺少的是能够发现美丽的眼睛。"对于致富来说也是一样的——只要我们用心，处处都有致富的信息和机会。这就是所谓的"遍地出黄金，就怕不用心"。

很多年轻人爱说："你以为钱那么好挣，那不是一般人能够做到的。"的确，那不是一般人可以做到的，只有拥有财富眼光的人才能做到。可做生意的头脑和眼光是怎么来的？是不断锻炼出来的，只要我们勤于锻炼，万事肯用心，也能够做到。

一个家庭主妇看到蒸汽会想到锅开了，一个科学家看到蒸汽会研究蒸汽机，一个侦探家看到蒸汽会想到也许刚刚那位死者就是有人运用蒸汽原理杀死的，一个合格的商人看到蒸汽会想到用它可以开桑拿室赚钱。所以，你的心用在什么地方，你就会收获什么。如果想收获财富，我们就要把所有事情、所有得到的信息和财富联系在一起。敏感的商人会把每天的新闻、国家发布的每一个政策都和自己的生意连在一起。

所以，如果你是一个希望赚取财富的年轻人，就要对任何事都用心一点，这样全世界的黄金才会对你的眼睛闪闪发光。画家经常觉得风景人物对自己闪闪发光，文人经常觉得文字对自己闪闪发光，如果哪天你觉得财富在对你闪闪发光，你就可以成大器了。

有一个年轻女孩去一个电脑店买鼠标垫，那时，电脑装饰品、汽车装饰品还不像现在这么普及。她发现店里只有黑色的鼠标垫，而且只是一个黑黑的正方形的垫子，她很不满意，就没有买。她想，也许可以自己做一个，于是她花费了大半天的时间，画出了自己想要的图形，可是用什么去加工又成了新的难题。于是她想干脆去要鼠标垫生产厂家的地址，由自己开发一系列的鼠标垫，让厂家来生产，一定能赚到不少钱。不久她就与厂家联系上了，但厂家不肯为她生产，除非她出一笔制造模子的钱，她便四处筹钱，同时要求厂家不许未经她允许向其他经销商供货。不久，她就获得了她人生的第一笔财富。

对现有的生活不满意，并试图进行改进的人会成为科学家，唯有把这一切都和财富联系起来、和推广联系起来的人，才能成为企业家。科学家会在历史上获得名誉，企业家会在现实中获得财富和名望。我们不是每个人都能成为科学家，但我们每个人都有成为企业家的潜质。只要我们善观察、肯用心，那么，无论我们是创业还是从事哪个行业，都会非常成功。

我曾经看过这样一个故事：有一个很不快乐的部门经理，他觉得每月四五千块钱的生活让自己很不快乐、很压抑，于是他决定做一个快乐的车夫。他用一年的时间考下了驾照，并拿下了出租车三证。他每个月都能挣到8000元，可一个普通的司机每个月只能赚2000～5000元。他并不比别人卖力，那么，他赚钱的奥妙是什么呢？他经常做的不是开车，而是等人。因为他精确地计算到，如果他带一个只有几公里路程的人，扣去燃油费以及每天交的例份，他就是在赔钱，所以要赚钱就要搭乘那些要去50千米以外地方的人。于是他每天都观察各样的人，看什么样的乘客会去远方，例如，一个拿公文包的等车人肯定是趁午休去不远的地方办理业务，他不可能去更远的地方；商场前的一对情侣肯定是在离这不远的学校上学，他们的外地口音暴露了他们不可能去更远的地方；那些带着大件行李箱的可能是要去机场，司机就会停在他的面前。因为经常进行这样的观察分析，他每个月都能赚到别人两倍的收入。

所以，不论你现在从事什么职业，它都是很有前途的，就看你用心不用心。美国石油大亨约翰·洛克菲勒的成功来自一滴小小的焊液，当他看着焊液一滴一滴焊上油桶时，发现可以节省一滴焊液，于是报告了上司，使公司每年节省上百万美元。他的工作曾被人嘲笑为白痴都可以做，但他在微小的岗位上做出了不凡的成绩。今天我们所有人的岗位，也许都不会比他再平凡，为此，我们更要发挥自己善于观察、凡事用心的优点，让自己的事业得到长足的发展。

很多年轻人只注重做大事，而不善于从细微之处、平凡之地观察赚钱的商机。要知道，我们还没有太多的资金，也没有更多的知识，唯有用心可以让我们与众不同，让我们获得更多的财富。记住这句话吧，“遍地出黄金，只怕不用心。”

参考文献

[1]童沐恩. 在未来，与最好的自己相遇[M]. 武汉：华中科技大学出版社，2017.

[2]朱双龙. 遇见更好的自己[M]. 广州：广东经济出版社有限公司，2017.

[3]刘祥和，李玉芹. 遇见更好的自己[M]. 北京：化学工业出版社，2019.

[4]周思敏. 遇见更好的自己，努力的人生有梦可期[M]. 北京：中国纺织出版社，2019.